HALBLEITERMESSTECHNIK

HALBLEITERMESSTECHNIK

ING. ROLF ANDERS

Mit 192 Abbildungen

AKADEMIE-VERLAG · BERLIN
1969

Erschienen im Akademie-Verlag GmbH, 108 Berlin, Leipziger Straße 3–4

Lizenznummer: 202 · 100/432/69
Gesamtherstellung: VEB Druckhaus „Maxim Gorki“, 74 Altenburg
Bestellnummer: 5725 · ES 18 B 6, 20 K 1–5

Vorwort

Halbleiter sind heute als dominierende aktive Bauelemente aus der gesamten Elektronik nicht mehr hinwegzudenken. Das Bestimmen ihrer Kenndaten ist für jeden Ingenieur und Techniker, der mit diesen Bauelementen zu tun hat, unerläßlich. Nicht jedes Labor und nicht jedes Institut verfügt aber über ausreichende spezielle Meßmittel zur Bestimmung von Halbleiterkenndaten, so daß oftmals auf einfache Meßschaltungen zurückgegriffen werden muß.

Mit der vorliegenden Broschüre soll all den Berufskollegen, die mit der Halbleitertechnik zu tun haben, ein Hilfsmittel in die Hand gegeben werden.

Diese Broschüre erhebt durchaus keinen Anspruch darauf, vollständig zu sein und alle meßtechnischen Probleme erfaßt zu haben. Die Broschüre soll lediglich eine Arbeitserleichterung für den Benutzer darstellen und Anregungen zu meßtechnischen Lösungswegen vermitteln.

Auf eine eingehende physikalische Durchdringung der einzelnen Stoffgebiete wurde zugunsten der großen Zahl von Meßschaltungen verzichtet.

Leipzig, im Juli 1969 Der Verfasser

Inhaltsverzeichnis

1. Einleitung

In immer stärkerem Maße werden auf den verschiedensten Gebieten der Elektronik Halbleiterbauelemente eingesetzt. Das exakte Bestimmen der Parameter solcher Bauelemente ist deshalb besonders wichtig, weil die Hersteller von Halbleiterbauelementen meist sogenannte Mittelwerte angeben, die mit Streuungen behaftet sind. Mittelwerte sind aber für viele Anwendungsfälle mit zu großzügigen Toleranzen behaftet, so daß exakte Messungen notwendig sind. Gerade der Entwicklungsingenieur oder der Labortechniker ist in vielen Fällen gezwungen, derartige Messungen mit Hilfe von Labormeßaufbauten durchzuführen. Dabei sollten unter allen Umständen, soweit möglich, die Datenblätter der Hersteller als Arbeitsunterlage dienen und die in den Datenblättern genannten Meßspannungen, Meßströme und Meßfrequenzen beachtet werden. Ganz besondere Beachtung ist der Umgebungstemperatur zu schenken, die während der Messung vorherrscht. Darüber hinaus ist die Eigenerwärmung der Bauelemente, die in manchen Fällen auftreten kann, zu kontrollieren und mit Hilfe besonderer Maßnahmen auf ein Minimum zu beschränken. Auch hierbei sollten die Herstellerangaben genauestens beachtet werden.

Die nachfolgenden Meßmethoden wurden aus den Erkenntnissen der Praxis abgeleitet, ohne daß auf grundsätzliche physikalische Vorgänge im Halbleiter eingegangen wird. Auch ist es bei der Fülle des Stoffes nicht möglich, im Rahmen dieser Broschüre auf den Einfluß der Meßgeräte auf die Meßergebnisse einzugehen oder grundsätzliche Fehlerbetrachtungen anzustellen. Für die bei Messungen auftretenden Meßfehler gelten dieselben Bedingungen wie in der allgemeinen Meßtechnik elektrischer Größen. Diese Kenntnisse werden beim Leser genauso vorausgesetzt wie der zweckmäßigste Einsatz von Meßgeräten und Meßinstrumenten.

2. Messungen an Transistoren

2.1. Messen statischer Werte

2.1.1. Messen der Transistorkennlinien

Für die Berechnung transistorisierter Schaltungen müssen die *h*-Parameter der verwendeten Transistoren unbedingt bekannt sein. Da die Transistorenhersteller jedoch für ihre Typen nur die mittleren Werte angeben, macht sich vielfach das Ausmessen der *h*-Parameter notwendig. Zu diesem Zweck werden die Kennlinien punktweise meßtechnisch bestimmt. Abb. 1 zeigt das mittlere Kennlinienfeld eines Niederfrequenz-Vorstufentransistors in Emitterschaltung. Die vier Quadranten des Kennlinienfeldes spiegeln die funktionalen Zusammenhänge der Kennwerte des Transistors wider:

I. Quadrant: $-I_C = f(-U_{CE})$, dabei $-I_B = \text{const}$,
II. Quadrant: $-I_C = f(-I_B)$, dabei $-U_{CE} = \text{const}$,
III. Quadrant: $-U_{BE} = f(-I_B)$, dabei $-U_{CE} = \text{const}$,
IV. Quadrant: $-U_{BE} = f(-U_{CE})$, dabei $-I_B = \text{const}$.

Mit der in Abb. 2 gezeigten Meßanordnung können die Kennlinien punktweise aufgenommen werden. Es ist jedoch bei dieser und ähnlichen Meßanordnungen darauf zu achten, daß der Eigenverbrauch der Meßgeräte berücksichtigt wird. Die verwendeten Spannungsquellen sollten möglichst stabilisiert werden. Den praktischen Meßaufbau zur Bestimmung der Kennlinien unter Laborbedingungen zeigt die Schaltung in Abb. 3. Die Werte der Schaltung sind:

$P_1 = 5\ \text{k}\Omega$, $U_1 = 5\ \text{V}$, $R_1 = 1\ \text{k}\Omega$,
$P_2 = 1\ \text{k}\Omega$, $U_2 = 20\ \text{V}$, $R_2 = 1\ \text{k}\Omega$,
$P_3 = 500\ \Omega$,
$P_4 = 20\ \text{k}\Omega$,

Instrument für $-I_B$ = Drehspulinstrument 300 μA,
Instrument für $-U_{BE}$ = Lichtmarkengalvanometer,
Instrument für $-I_C$ und $-U_{CE}$ = Vielfachmesser.

Aus dem Kennlinienfeld gemäß Abb. 4 lassen sich ohne Schwierigkeit die *h*-Parameter ermitteln. Dabei gilt:

$$h_{11e} = \frac{\Delta U_{BE}}{\Delta I_B} \triangleq \text{Eingangswiderstand (III. Quadrant)}, \quad U_{CE} = \text{const},$$

$$h_{12e} = \frac{\Delta U_{BE}}{\Delta U_{CE}} \quad \triangleq \text{ Spannungsrückwirkung (IV. Quadrant)}, \quad I_B = \text{const},$$

$$h_{21e} = \frac{\Delta I_C}{\Delta I_B} \quad \triangleq \text{ Stromverstärkung (II. Quadrant)}, \quad U_{CE} = \text{const},$$

$$h_{22e} = \frac{\Delta I_C}{\Delta U_{CE}} \quad \triangleq \text{ Ausgangsleitwert (I. Quadrant)}, \; I_B = \text{const}.$$

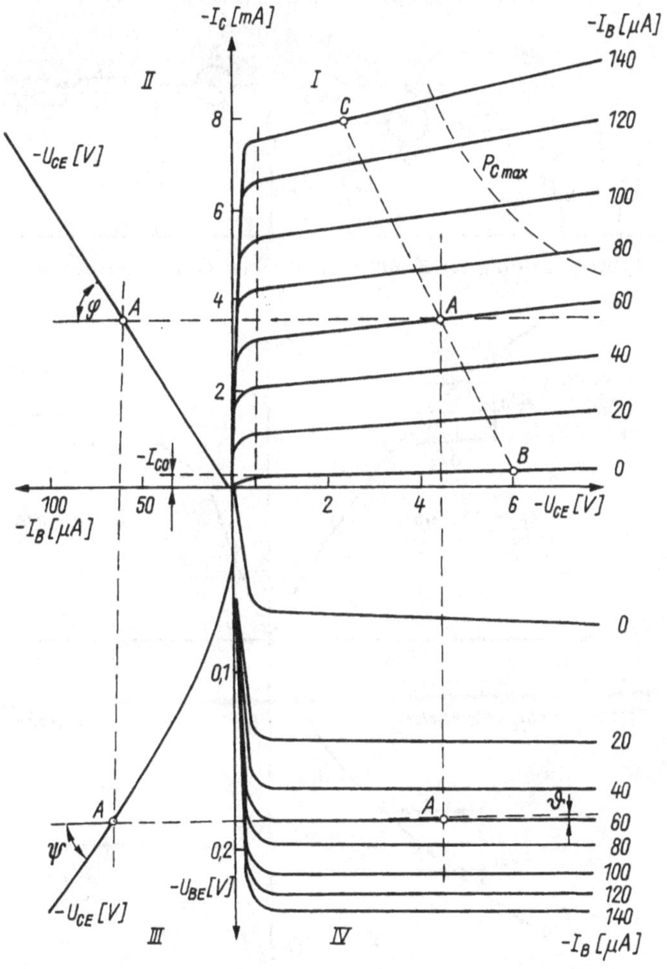

Abb. 1. Kennlinienfeld eines NF-Transistors in Emitterschaltung

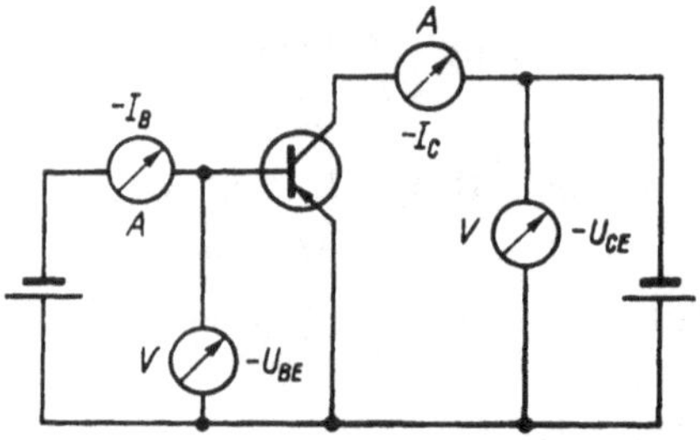

Abb. 2. Meßanordnung zur Kennlinienaufnahme eines Transistors in Emitterschaltung

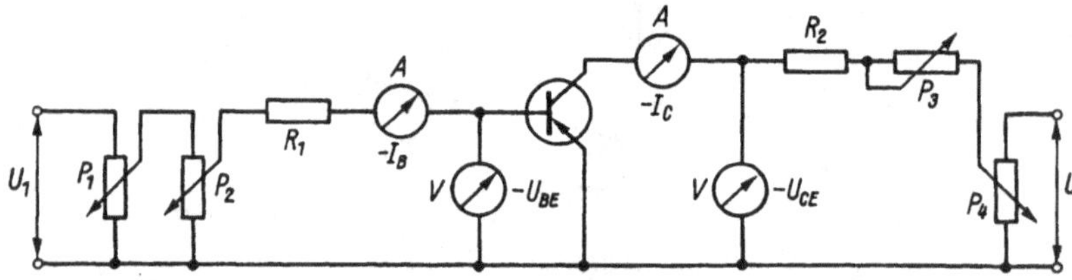

Abb. 3. Meßschaltung zur Kennlinienaufnahme (Emitterschaltung)

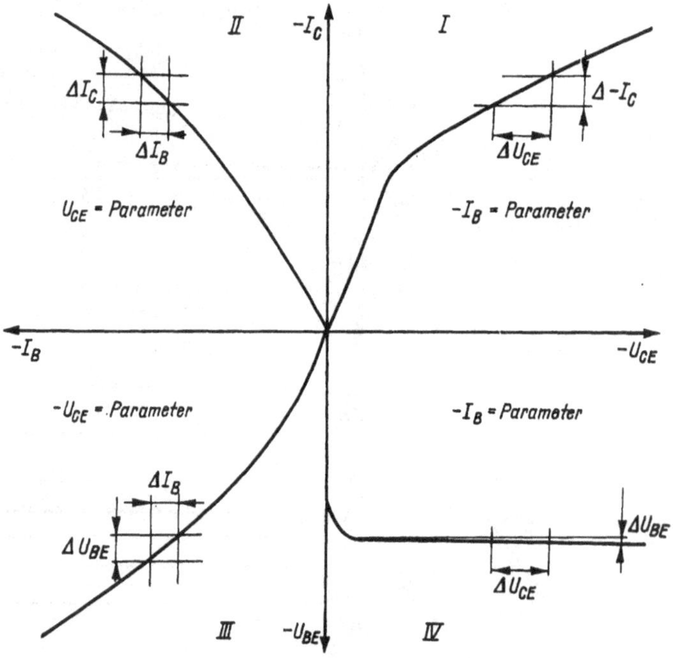

Abb. 4. Kennlinien eines Transistors in Emitterschaltung

Es ist zu beachten, daß die Parameter nur für den gewählten Arbeitspunkt Gültigkeit haben, daß die Messung im linearen Bereich durchgeführt wird und die Messung mit Gleichstrom oder mit sehr niedrigen Frequenzen erfolgt. Die prinzipielle Meßanordnung zur Kennlinienaufnahme von Transistoren in Basisschaltung zeigt Abb. 5. Hier gilt:

$$-I_C = f(-U_{CB}), \quad \text{dabei } -I_E = \text{const},$$
$$-I_C = f(I_E), \quad \text{dabei } -U_{CB} = \text{const},$$
$$U_{EB} = f(I_E), \quad \text{dabei } -U_{CB} = \text{const},$$
$$U_{EB} = f(-I_C), \quad \text{dabei } I_E = \text{const}.$$

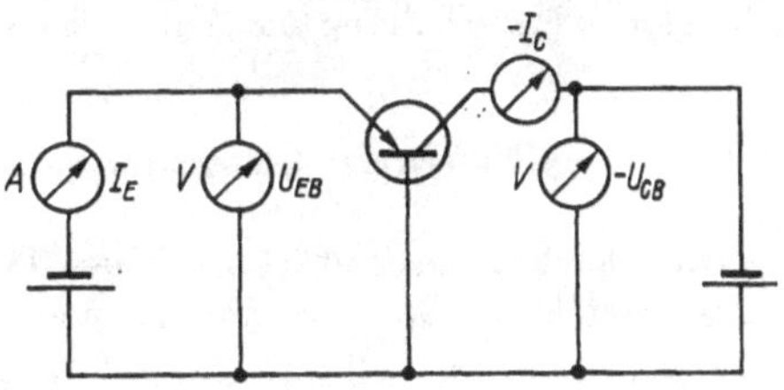

Abb. 5. Meßanordnung zur Kennlinienaufnahme eines Transistors in Basisschaltung

Aus den ermittelten Kennlinien werden die h-Parameter wie folgt bestimmt:

$$h_{11b} = \frac{\Delta U_{EB}}{\Delta I_E} \;\hat{=}\; \text{Eingangswiderstand}, \quad U_{CB} = \text{const},$$

$$h_{12b} = \frac{\Delta U_{EB}}{\Delta U_{CB}} \;\hat{=}\; \text{Spannungsrückwirkung}, \quad I_E = \text{const},$$

$$h_{21b} = \frac{\Delta I_C}{\Delta I_E} \;\hat{=}\; \text{Stromverstärkung}, \quad U_{CB} = \text{const},$$

$$h_{22b} = \frac{\Delta I_C}{\Delta U_{CB}} \;\hat{=}\; \text{Ausgangsleitwert}, \quad I_E = \text{const}.$$

Diese Parameter gelten ebenso wie die h_e-Parameter nur für den statischen Betrieb oder bei entsprechenden NF-Frequenzen. Abb. 6 zeigt eine Meßschaltung zur Kennlinienaufnahme von Transistoren in Basisschaltung. Die Werte zur Schaltung:

$$P_1 = 5\,\text{k}\Omega, \quad U_1 = 5\,\text{V}, \quad R_1 = 100\,\Omega,$$
$$P_2 = 250\,\Omega, \quad U_2 = 20\,\text{V}, \quad R_2 = 1\,\text{k}\Omega,$$
$$P_3 = 250\,\Omega,$$
$$P_4 = 20\,\text{k}\Omega,$$

Instrument für $I_E = -I_C$ = Vielfachmesser,
Instrument für U_{EB} = Millivoltmeter 100 kΩ/V,
Instrument für $-U_{CB}$ = Gleichspannungsvoltmeter.

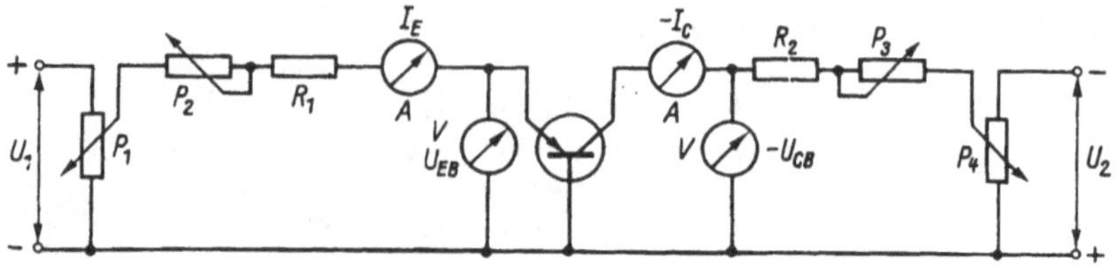

Abb. 6. Meßschaltung zur Kennlinienaufnahme (Basisschaltung)

2.1.2. Messen der Gleichstromverstärkung

Die Gleichstromverstärkung eines Transistors in Basisschaltung wird mit $\bar{\alpha}$ gekennzeichnet. Wird er in der meist angewendeten Emitterschaltung betrieben, so erfolgt die Kennzeichnung der Gleichstromverstärkung mit $\bar{\beta}$. Bei einem Meßverfahren gemäß Abb. 7 wird ein regelbarer Basisstrom in den Transistor eingespeist, so daß sich ein konstanter Kollektorstrom einstellen läßt. Beide Ströme werden durch Instrumente angezeigt, und aus deren Verhältnis wird $\bar{\beta}$ bestimmt:

$$\bar{\beta} = \frac{-I_C}{-I_B}.$$

Bei einer anderen Methode, in Abb. 8 dargestellt, wird der Basis über einen Vorwiderstand ein konstanter Basisstrom aufgeprägt. Der Vorteil dieser Meßschaltung ist darin zu sehen, daß bei bekannter Größe von R sich der Basisstrom rechnerisch bestimmen läßt und somit zur Messung nur ein In-

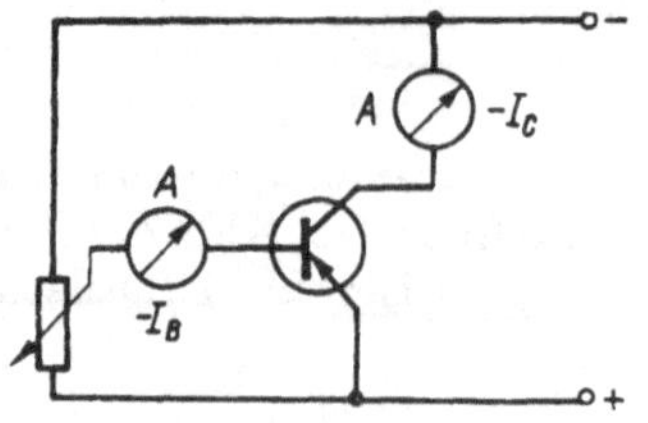

Abb. 7. Meßschaltung zur Bestimmung der Gleichstromverstärkung $\bar{\beta}$

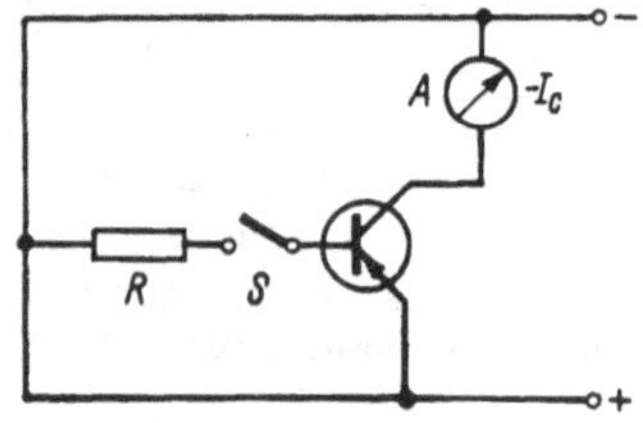

Abb. 8. Meßschaltung zur Bestimmung der Gleichstromverstärkung $\bar{\beta}$ mit konstantem Basisstrom

strument benötigt wird. Gleichzeitig läßt sich bei geöffnetem Schalter S der Kollektorreststrom bestimmen, der beim Meßergebnis zu berücksichtigen ist:

$$\bar{\beta} = \frac{-I_C}{-I_B} - I_{CE0}.$$

Industriell hergestellte Transistormeßgeräte gestatten meist eine Kompensierung des Kollektorreststromes.

2.1.3. Reststrommessungen

Halbleiter besitzen in ihrer Sperrichtung einen endlichen Widerstand, so daß beim Anlegen einer Spannung ein Strom fließt, dessen Größe von der angelegten Spannung und der Umgebungstemperatur abhängig ist. Die Angabe des Reststromes hat deshalb stets in Verbindung mit der Meßspannung zu erfolgen. Das Messen der Restströme ist sehr einfach und geschieht mittels der in Abb. 9 gezeigten Meßschaltungen.

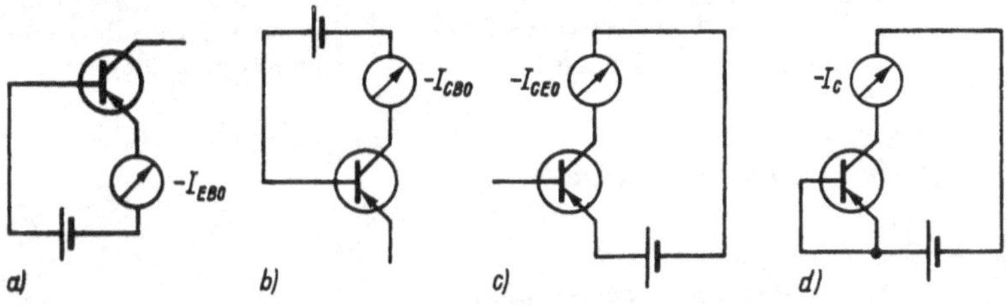

Abb. 9. Prinzipschaltungen zur Reststrommessung

Abb. 9*a* zeigt einen Transistor in Basisschaltung. Gemessen wird der Emitterreststrom $-I_{EB0}$. Bei dieser Messung wird, genau wie bei der Bestimmung des Kollektorreststromes $-I_{CB0}$ in Basisschaltung gemäß Abb. 9*b*, eine Diodenmessung vorgenommen. Die Meßschaltung zur Bestimmung des Kollektorreststromes $-I_{CE0}$ in Emitterschaltung zeigt Abb. 9*c*. Bei offener Basis liegen hier die Kollektor- und Emitterdioden in Reihe, wobei die Kollektordiode im Sperrzustand und die Emitterdiode im Durchlaßzustand vom Strom durchflossen wird. Der Reststrom $-I_{CE0}$ ist etwa um den Faktor $\bar{\beta}$ größer als der Reststrom I_{CB0}. Die Messung des Kollektorkurzschlußstromes $-I_C$ bei $U_{BE} = 0$, also Basis gegen Emitter kurzgeschlossen, erfolgt gemäß Abb. 9*d*. Dabei ist $-I_C < -I_{CE0}$, dagegen $-I_C > -I_{CE0}$.

2.1.4. *Messen der Kollektorrestspannung*

Das Messen der Kollektorrestspannung ist mit Hilfe von zwei sehr einfachen Meßschaltungen durchführbar. Bei der in Abb. 10 gezeigten Meßmethode wird dem Transistor der gerade noch zulässige Sperrstrom aufgeprägt und dabei die über dem Transistor abfallende Sperrspannung gemessen. Man kann jedoch gemäß Abb. 11 verfahren, indem man den Kollektor an eine veränderliche Spannung legt, die so eingestellt wird, daß der maximal zulässige Sperrstrom fließt, wobei dann die Sperrspannung am Instrument abgelesen wird. Zur Sperrspannungsmessung wird ein Röhrenvoltmeter eingesetzt.

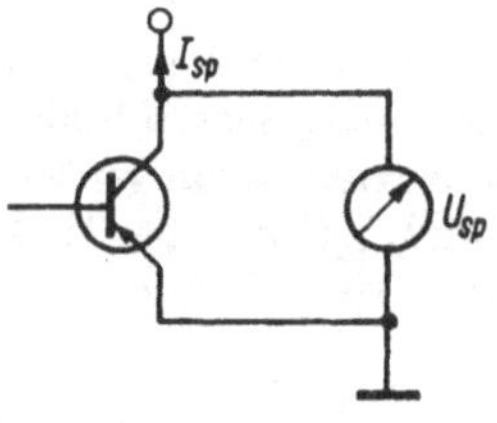

Abb. 10. Prinzipschaltung zur Messung der Kollektorsperrspannung, 1. Möglichkeit

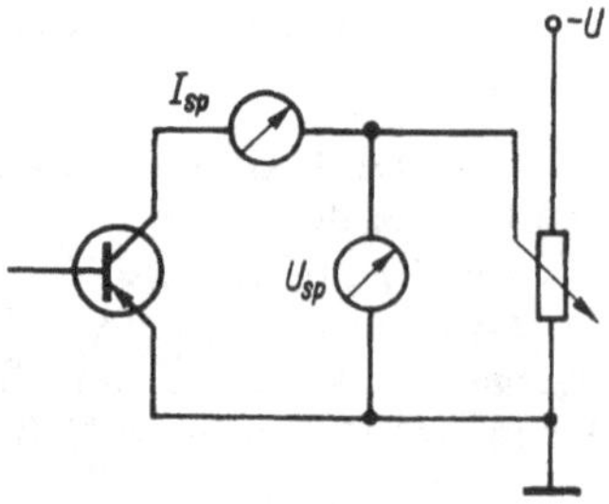

Abb. 11. Prinzipschaltung zur Messung der Kollektorsperrspannung, 2. Möglichkeit

2.2. *Dynamische Messungen*

2.2.1. *Reststromkennlinien-Aufnahme*

Das Aufnehmen der Reststromkennlinien entspricht weitgehend schaltungsmäßig der statischen Reststrommessung. Die dynamische Kennlinienaufnahme gestattet jedoch zusätzlich das Erkennen von Kennlinienfehlern, die bei der Messung mittels Instrument nicht erkennbar sind. Abb. 12a zeigt die Meßanordnung zur Kennlinienaufnahme der Restströme [1]. Die Arbeitsweise der Schaltungsanordnung ist sehr einfach. Alle drei Schalter sind miteinander gekoppelt. Die Meßspannung wird über eine Siliziumdiode regelbar an einem Netztransformator entnommen und als Sinushalbwelle in Sperrrichtung in den Transistor eingespeist. Am Widerstand $R_{meß}$ fällt eine dem Strom proportionale Meßspannung ab, die gleichzeitig an den y-Platten eines Gleichspannungsoszillographen liegt. Auf dem Oszillographenschirm läßt sich neben dem Kennlinienverlauf noch ein eventuelles Flattern der Kennlinie (Abb. 12b), eine eventuelle Hysteresis (Abb. 12c) oder eine Drift der Kennlinie erkennen. Mit der gezeigten Schaltung sind dynamische Reststromkennlinien $-I_{EC0}$, $-I_{CB0}$, $-I_C$ und $-I_{CE0}$ aufnehmbar.

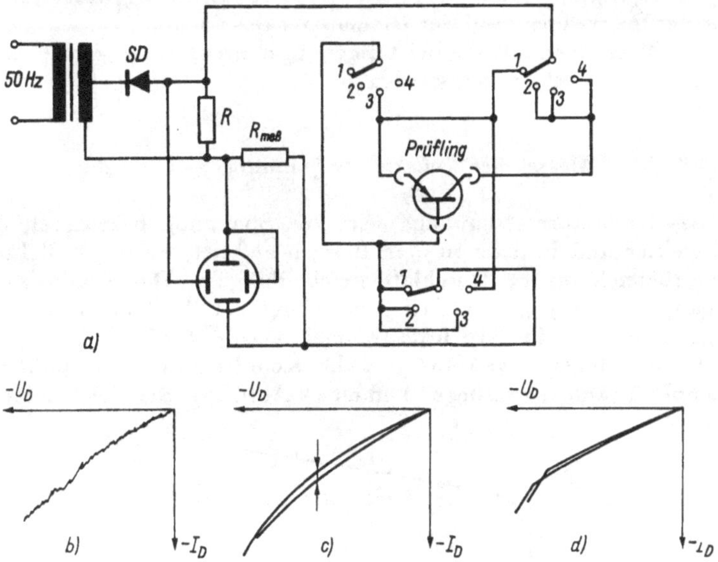

Abb. 12. Meßanordnung zur dynamischen Reststromkennlinien-Aufnahme

2.2.2. *Messen der Durchbruchspannung*

Das Messen der Durchbruchspannung geschieht mit Hilfe der in Abb. 13 gezeigten Meßanordnung. Ein Umschalter ermöglicht es, die Kollektor- und Emitterdioden zu überprüfen. Als Durchbruchspannung wird die in Sperrrichtung am Transistor liegende Sperrspannung bezeichnet, bei der der diffe-

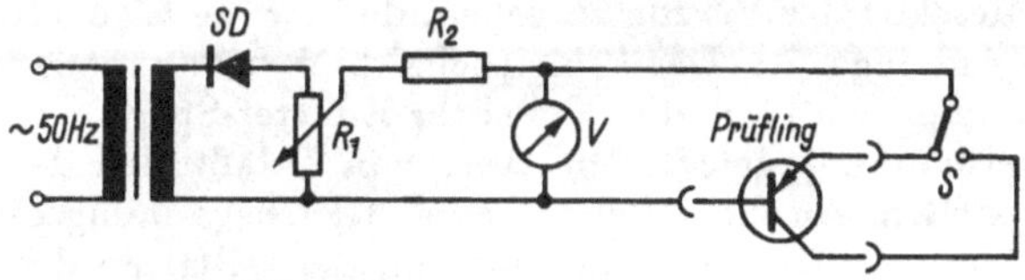

Abb. 13. Meßschaltung zur Bestimmung der Durchbruchspannung von Transistoren

rentielle Wert des Diodenwiderstandes sehr klein wird. Der eingespeiste Strom muß so gewählt werden, daß der scharf abknickende Teil der Sperrkennlinie mit Sicherheit erreicht wird. An die zu testende Diodenstrecke des

Transistors wird über den Widerstand R_2 eine Sinushalbwellenspannung gelegt und die einzuspeisende Spannung an R_1 eingestellt. Als Voltmeter V wird ein Spitzenspannungsmesser eingesetzt, dessen Eingangswiderstand R_e größer als der Sperrwiderstand der Diodenstrecke sein soll.

Die Messungen müssen bei Umgebungstemperaturen gemäß den Herstellerunterlagen durchgeführt werden.

2.2.3. Messen der Kollektorrestspannung

Als Kollektorrestspannung wird die Spannung bezeichnet, die zwischen Kollektor und Emitter in dem Bereich auftritt, wo die Kollektordiode vom Sperrbereich in den Durchlaßbereich übergeht. Dabei sind Kollektor- und Basisstrom vorgegeben. Zur Ermittlung der Kollektorrestspannung U_{CE0} legt man zwei Punkte fest: einmal $-U_{CE} = 1\,V$ und $I_C = I_{Cmax}$. $-I_C$ wird dabei so gewählt, daß der Koordinatenschnittpunkt oberhalb des Kennlinienknickes zu liegen kommt (s. Abb. 14). Bei gleichbleibendem Basis-

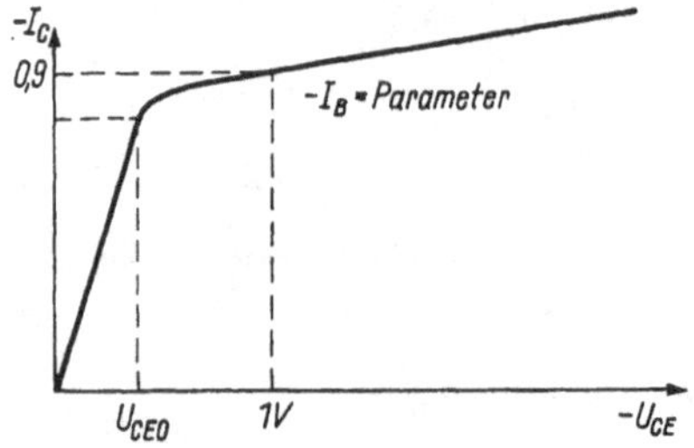

Abb. 14. Kennlinienverlauf bei $-U_{CE0}$

strom wird nun $-U_{CE}$ so weit verringert, daß $-I_C$ auf 90% absinkt. Die so erhaltene Kollektorrestspannung wird mit U_{CE0} bezeichnet. Wird unter diesen Bedingungen $-U_{CE0}$ ermittelt, so ist I_C etwa gleich I_{Cmax} zu wählen. Diese Messung läßt sich natürlich auch statisch vornehmen. Es ist jedoch der dynamischen Messung der Vorzug zu geben, da hier die Eigenerwärmung des Transistors weit geringer ist. Das Prinzipschaltbild zur dynamischen Messung zeigt Abb. 15. Hier wird an die Kollektor-Emitter-Strecke eine regelbare Sinushalbwellenspannung gelegt. Mit Hilfe von P läßt sich der gewünschte Basisstrom einstellen. An die x-Platten eines Gleichspannungsoszillographen wird die Kollektor-Emitter-Spannung und an die y-Platten der Spannungsabfall über R gelegt. Der Spannungsabfall über R ist dem Kollektorstrom proportional. Die einzelnen Kurvenpunkte zeigen die $-I_C = f(-U_{CE})$-Kennlinie.

Die Kollektorrestspannung kann jedoch auch auf eine andere Weise gewonnen werden. Man geht dabei so vor, daß man die Spannung zwischen Kollektor und Basis, bei einem angegebenen Kollektor-Basis-Strom, verschwinden läßt. Abb. 16 zeigt das Kennlinienfeld $-I_C = f(-U_{CE})$ mit der Kurve für $U_{CB} = 0$. Aus den Schnittpunkten mit $-I_C = f(U_{CE})$, mit $-I_B$ als Parameter, kann man ersehen, daß der Beginn der I_B-Kurven durch die so gekennzeichnete Kollektorrestspannung markiert ist. Die dynamische

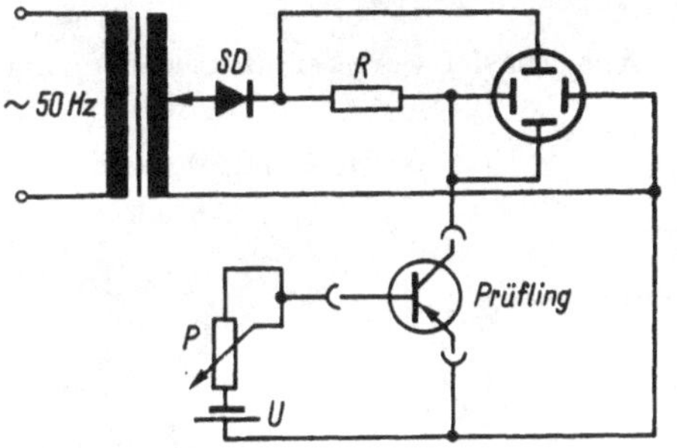

Abb. 15. Meßschaltung zur Bestimmung von U_{CE0}

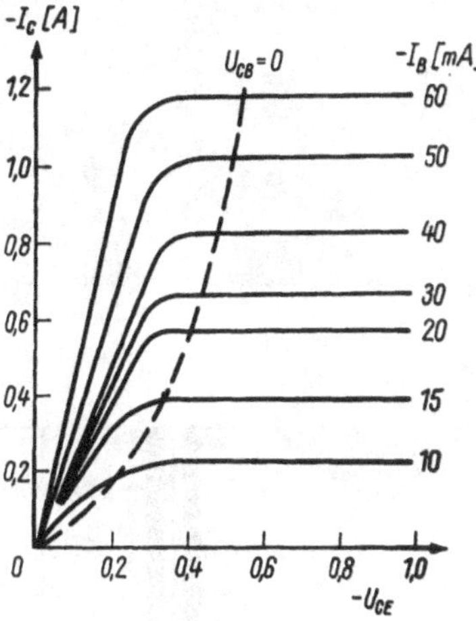

Abb. 16. Kollektorrestspannung für $U_{CB} = 0$ im $-I_C = f(-U_{CE})$-Kennlinienfeld

Messung erfolgt mit Hilfe der Meßanordnung gemäß Abb. 17. Auch hier liegt am Transistor eine regelbare Sinushalbwellenspannung. Gemessen werden die Spitzenspannungen $\hat{U}_{CE}$ und die Spitzenströme $\hat{I}_C$ und $\hat{I}_B$.

2.3. *Messungen an Niederfrequenztransistoren*

2.3.1. *Messung der h-Parameter*

Gemäß der Vierpoltheorie bestehen für die h-Parameter folgende Zusammenhänge:

$$u_1 = h_{11}\, i_1 + h_{12}\, u_2,$$

$$i_2 = h_{21}\, i_1 + h_{22}\, u_2.$$

Abb. 18 zeigt den Vierpol mit den Strom- und Spannungsbezugsrichtungen. Da die h-Parameter sich als unmittelbare Meßvorschriften auffassen lassen, wenn man jeweils einen Strom oder eine Spannung in derselben Zeile gleich Null setzt, ergeben sich folgende Zusammenhänge:

$h_{11} = \frac{u_1}{i_1}$ bei $u_2 = 0$ Eingangswiderstand bei kurzgeschlossenem Ausgang,

$h_{12} = \frac{u_1}{u_2}$ bei $i_1 = 0$ Spannungsrückwirkung bei offenem Eingang,

$h_{21} = \frac{i_2}{i_1}$ bei $u_2 = 0$ Stromverstärkung bei kurzgeschlossenem Ausgang,

$h_{22} = \frac{i_2}{u_2}$ bei $i_1 = 0$ Ausgangsleitwert bei offenem Eingang.

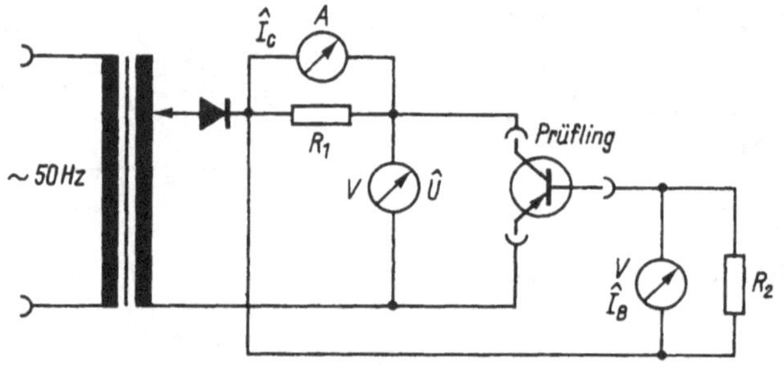

Abb. 17. Meßschaltung zur Bestimmung von U_{CE0}

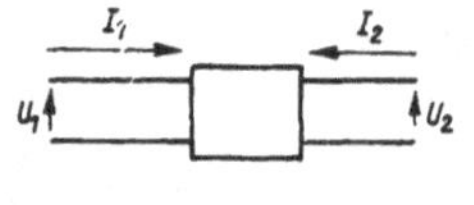

Abb. 18. Vierpol mit Strom- und Spannungsrichtungen gemäß den Vierpolgleichungen

Die Messung der h-Parameter erfolgt bei definierten statischen Arbeitspunkten. Es ist mit kleinen Wechselspannungen und kleinen Wechselströmen zu arbeiten, wobei die zu den Parametern gehörenden Größen als Wechselgrößen gemessen werden müssen. Da meßtechnisch ein vollkommener Kurzschluß oder Leerlauf nicht realisierbar ist, bieten die h-Parameter folgende Vorteile:

1. Der Transistorausgangswiderstand ist groß. Der Abschlußwiderstand kann klein gegenüber dem Ausgangswiderstand gemacht werden.
2. Der Transistoreingangswiderstand ist klein. Der Abschlußwiderstand kann groß gegenüber dem Eingangswiderstand gemacht werden.

Abb. 19 zeigt die Meßschaltungen zur Bestimmung der h-Parameter in Emitterschaltung. Die Messungen sollen bei Umgebungstemperaturen gemäß den Herstellerunterlagen durchgeführt werden. Die Meßfrequenz soll weit unterhalb der Grenzfrequenz liegen. In der Praxis mißt man meist mit 1000 Hz

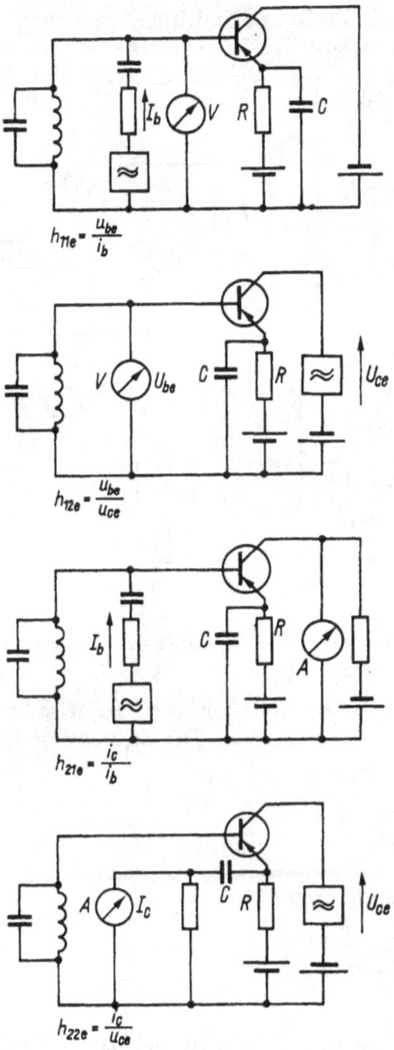

Abb. 19. Meßschaltungen zur Bestimmung der h_e-Parameter

Zu den in den Abbildungen 19 und 20 gezeigten Meßschaltungen sollen folgende Anmerkungen gelten: Die Bedingung „offener Eingang" wird bei der Basisschaltung durch den Widerstand $R \gg h_{11b}$ erfüllt. Je nach Transistortyp und Arbeitspunkt liegt in der Praxis R zwischen 50 und 500 Ω. In der Emitterschaltung dient ein Resonanzkreis der Erfüllung dieser Bedingung. Der Resonanzwiderstand R_0 des Resonanzkreises ist groß gegenüber h_{11e}. Der Resonanzkreis soll auf die Meßfrequenz abgestimmt sein. Die Kurzschlußbedingungen des Ausgangs sind in beiden Schaltungsarten durch den niedrigen Innenwiderstand der Spannungsquellen und kleine Widerstandswerte im Ausgangskreis erfüllt. Bei der Emitterschaltung wird der Widerstand R wechselstrommäßig durch C überbrückt.

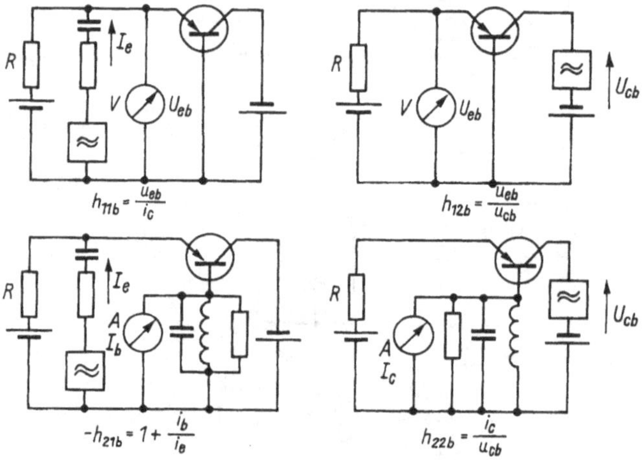

Abb. 20. Meßschaltungen zur Bestimmung der h_b-Parameter

Damit bei h_{21b} eine höhere Meßgenauigkeit erreicht wird, wird statt des Kollektorstromes der Basisstrom gemessen. Die Beziehung für h_{21b} ergibt sich somit zu:

$$h_{21b} = \frac{i_c}{i_e};$$

es ist jedoch $i_e = -i_c - i_b$ und somit

$$-h_{21b} = \frac{i_e + i_b}{i_e} = 1 + \frac{i_b}{i_e}.$$

Eine dimensionierte Meßschaltung zur Bestimmung von Eingangswiderstand h_{11e} zeigt Abb. 21. Die Meßschaltung wird von einem Tongenerator gespeist, der bei der Messung auf 1000 Hz eingestellt wird. Die Ausgangsspannung soll etwa 1 V betragen. Der Schwingkreis besteht aus $C_3 = 9$ nF und $L = 30$ H, ist auf 1000 Hz Resonanz abgestimmt und liegt im Basiskreis des Prüflings. Die Tonfrequenz wird vom Generator aus über den Vorwiderstand R_1 und den Trennkondensator C_2 in den Transistor eingespeist. Bei einer Kapazität von $C_2 = 100\ \mu F$ kann der kapazitive Widerstand des Kondensators vernachlässigt werden, so daß die Größe des eingespeisten Stromes lediglich von $R_1 = 1\ M\Omega$ bestimmt wird und somit 1 μA beträgt. Es liegt also

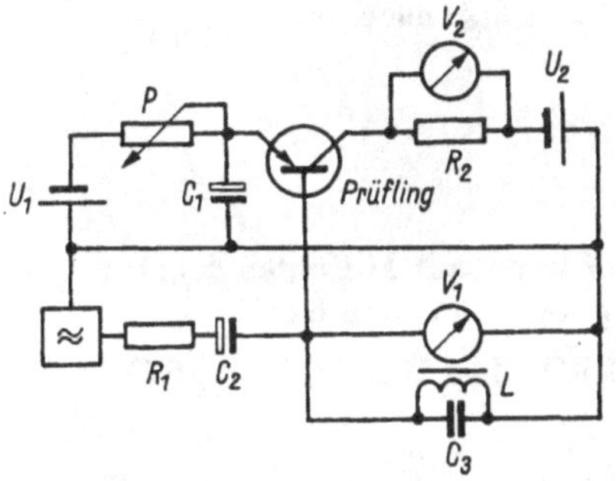

Abb. 21. Meßschaltung zur Bestimmung von h_{11e}

mit $i_b = 1\ \mu A$ der Basiswechselstrom fest. Mit dem Wechselspannungsmesser V_1 kann u_{be} ermittelt werden. Der Kollektorkreis enthält lediglich den 10-Ω-Widerstand R_2 und kann somit als kurzgeschlossen betrachtet werden. Über $C_1 = 500\ \mu F$ ist für die Wechselspannung der Emitterkreis kurzgeschlossen. Mit dem Potentiometer, $P = 1\ k\Omega$, läßt sich der Arbeitspunkt des Prüflings einstellen. Die Batteriespannungen betragen $U_1 = U_2 = 4{,}5$ V. Aus dem abgelesenen Wert an V_1 (u_{be}) und der bekannten Größe i_b kann nach $h_{11e} = u_{be}/i_b$ der Eingangswiderstand errechnet werden. Darüber hinaus läßt sich dieselbe Schaltung noch zum Messen der Stromverstärkung einsetzen. Wiederum wird ein Basisstrom $i_b = 1\ \mu A$ in den Transistor eingespeist. Mit V_2 wird der Spannungsabfall an R_2 gemessen, der dem Kollektorstrom proportional ist. Die gesuchte Größe von i_c ergibt sich aus (u an R_2)/R_2 und schließlich die gesuchte Stromverstärkung β zu

$$\beta = \frac{i_c}{i_b}.$$

Diese Stromverstärkung gilt strenggenommen nur für die benutzte Meßfrequenz.

Eine Meßschaltung zur Bestimmung des Ausgangsleitwertes h_{22e} zeigt Abb. 22. Die Dimensionierung der Schaltung ist:

$l = 30$ H, $C_2 = 9$ nF, $R = 10\ \Omega$, $P = 1\ k\Omega$, $C_1 = 500\ \mu F$, $U_1 = 4{,}5$ V, $U_2 = 9$ V.

Der Tongenerator wird wiederum auf eine Frequenz von 1000 Hz und eine Ausgangsspannung von 1 V eingestellt. Der Meßvorgang ist nun folgender:

Die Meßfrequenz wird in den Kollektorkreis des Prüflings eingespeist. Dank des hohen Resonanzwiderstandes des Schwingkreises ist die Basis praktisch offen. Der Emitterkreis ist durch die große Kapazität von C_1 für die Wechselspannung kurzgeschlossen, so daß $i_e = i_c$ gesetzt werden kann. Mit V_1 wird wiederum der Spannungsabfall an R gemessen. Die Meßwechselspannung wirkt im Kollektorkreis als Spannung zwischen Kollektor und Emitter u_{ce}. Nach der Berechnung von i_c kann h_{22e} nach

$$h_{22e} = \frac{i_c}{u_{ce}}$$

ermittelt werden.

Das Ausmessen der Steilheit kann mit Hilfe der Schaltung gemäß Abb. 23 erfolgen. Die Dimensionierung der Schaltung ist:

$U_1 = 4{,}5$ V, $U_2 = 9$ V, $P = 1$ kΩ, $C = 100$ μF, $R = 10$ Ω.

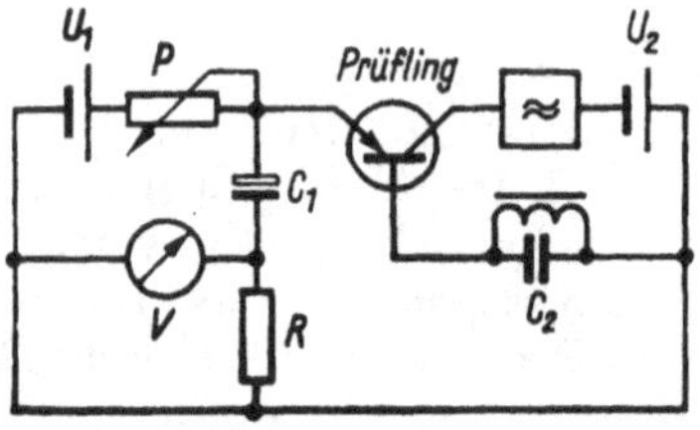

Abb. 22. Meßschaltung zur Bestimmung von h_{22e}

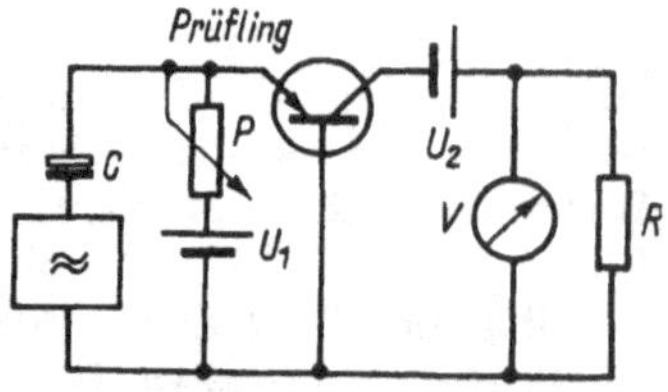

Abb. 23. Meßschaltung zur Bestimmung der Steilheit

Mit dem Tongenerator wird in den Emitterkreis des Prüflings eine 1000-Hz-Spannung $u_{be} = 5$ mV eingespeist. Der Kollektorstrom i_c wird aus dem Wechselspannungswert errechnet, der über R gemessen wird. Die Steilheit ergibt sich dann zu

$$S = \frac{i_c}{u_{be}}.$$

Die soeben beschriebenen Meßschaltungen sind natürlich nicht fehlerfrei, was weniger in den Meßschaltungen selbst, als vielmehr in einigen Vereinfachungen der Dimensionierung zu suchen ist. So ergibt sich z. B. ein Fehler durch die Festlegung des Basisstromes mit 1 μA. Hier wurde die endliche Größe des Schwingkreiswiderstandes bei Resonanz völlig vernachlässigt. Hinzu kommt die Ungenauigkeit der zur Verwendung kommenden Meßinstrumente. Bei den hier auftretenden kleinen Strömen und Spannungen ist die Verwendung von Vielfachmessern kaum möglich, so daß Röhrenvoltmeter eingesetzt werden müssen [2].

2.3.2. *Messen der Grenzfrequenzen f_β und f_α*

Die Grenzfrequenz wird bei Transistoren schaltungsgebunden angegeben. Mit f_β bezeichnet man die Grenzfrequenz eines Transistors in Emitterschaltung und mit f_α die Grenzfrequenz eines Transistors in Basisschaltung.

Mit f_β bezw. f_α wird die Frequenz bezeichnet, bei der die Stromverstärkung um den Faktor $1/\sqrt{2} \mathrel{\hat{=}} 3$ dB abgefallen ist. Diese Definition bezieht sich auf den α- bzw. β-Wert bei einer Frequenz von 1000 Hz. Zwischen der Emittergrenzfrequenz f_β und der Basisgrenzfrequenz f_α besteht der Zusammenhang:

$$\frac{f_\alpha}{f_\beta} = \frac{\beta}{\alpha};$$

da $\alpha \approx 1$ ist, gilt auch $f_\alpha \approx f_\beta \beta$.

Das Ausmessen der Grenzfrequenz geschieht entsprechend der h_{21}-Parametermessung. Zur Signaleinspeisung muß allerdings ein durchstimmbarer Generator benutzt werden, der so weit verstimmt werden muß, bis die Stromverstärkung um 3 dB, bezogen auf 1000 Hz, abgefallen ist.

2.3.3. *Messen des Stromverstärkungsabfalls*

Als Stromverstärkungsabfall eines Transistors wird die Abnahme der Großsignalstromverstärkung bei ansteigendem Kollektorspitzenstrom bezeichnet. In der Emitterschaltung wird die statische Stromverstärkung $\bar{\beta}$ und die maximale mittlere statische Stromverstärkung $\bar{\beta}_{max}$ bei maximalem Kollektorstrom I_{Cmax} gemessen. Der Stromverstärkungsabfall ergibt sich dann zu

$$\text{Stromverstärkungsabfall} \ (< 1) = \frac{\bar{\beta} \ (\text{bei } I_{Cmax})}{\bar{\beta}_{max}}$$

und die mittlere statische Stromverstärkung zu

$$\bar{\beta} = \frac{I_C - I_{CE0}}{I_B}.$$

Abb. 24 zeigt die $\bar{\beta}$-Kennlinie: $\bar{\beta} = f(-I_C)$.

Will man das Aufsuchen von $\bar{\beta}$ vermeiden, so muß man einen Arbeitspunkt festlegen, der im Bereich der mittleren Stromverstärkung liegt. Bezeichnet man nun die mittlere statische Stromverstärkung im ersten Arbeitspunkt mit $\bar{\beta}_1$ und im zweiten Arbeitspunkt mit $\bar{\beta}_2$, so ergibt sich für den Verstärkungsabfall:

$$\frac{\bar{\beta}_2}{\bar{\beta}_1} = \text{Stromverstärkungsabfall} < 1.$$

Die Messung des Stromverstärkungsabfalls wird gemäß der statischen Kennlinienmessung nach Abb. 3, S. 14, durchgeführt. Zur I_{CE0}-Messung muß allerdings der Basiskreis geöffnet werden. Da der Reststrom I_{CE0} mit in die Messung eingeht, muß der Einfluß der Umgebungstemperatur berücksichtigt werden. Als Bezugstemperatur gelten die Angaben des Transistorherstellers.

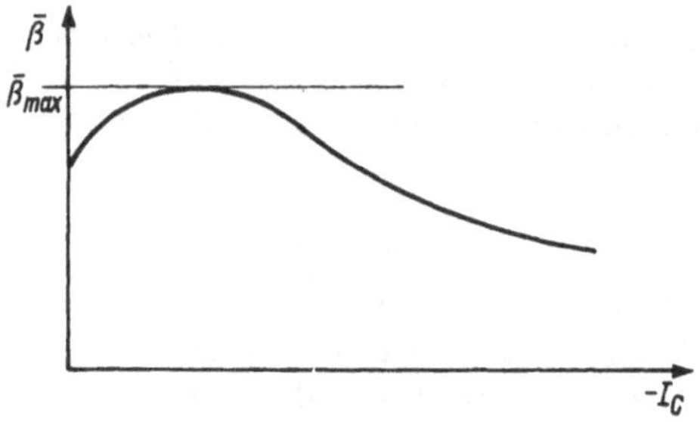

Abb. 24. Kennlinie der Stromverstärkung als Funktion von $-I_C$

2.3.4. *Rauschmessungen*

Halbleiter weisen ein Rauschen auf, welches sich aus dem Widerstands-, Modulations- und Schrotrauschen zusammensetzt.

Der quadratische Mittelwert der Rauschspannung eines ohmschen Widerstandes R im Leerlauf ergibt sich nach der NYQUIST-Beziehung zu

$$U^2 = 4kTR\Delta f.$$

Hierin ist

$k = 1{,}38 \cdot 10^{-23}$ Ws/°K (BOLTZMANNsche Konstante),

T = Temperatur in °K,

Δf = Frequenzintervall.

Dieses Widerstandsrauschen ist temperaturabhängig, jedoch bis zu hohen Frequenzen frequenzunabhängig. Beim Transistor wird das Widerstandsrauschen in erster Linie durch den Basis-Bahnwiderstand verursacht.

Das Schrotrauschen wird nach SCHOTTKY von einem Gleichstrom nach der Beziehung

$$i^2 = 2e\Delta f$$

erzeugt. Hierin ist $e = 1{,}602 \cdot 10^{-19}$ As die Elementarladung.

Diese Gleichung gilt allerdings nur so lange, wie für die Laufzeit der Ladungsträger in der Sperrschicht und die Frequenz $\varepsilon f \ll 1$ und ε klein gegenüber der Lebensdauer der Ladungsträger gilt. Bei Halbleiterdioden rauscht der Vorwärts- und Rückwärtsstrom nach dem SCHOTTKYschen Gesetz.

Beide Rauschströme entstehen also unabhängig voneinander und sind somit nicht korrelat. Da Transistoren sich aus Halbleiterdioden und Widerständen aufbauen, kann man folgende Rauschspannungsquellen annehmen: Die Emitterdiode rauscht mit dem Vorwärts- und die Kollektordiode mit dem Rückwärtsstrom. Auf Grund der Aufteilung des Emitterstromes auf Basis und Kollektor entsteht das Stromverteilungsrauschen. Hinzu kommt das Rauschen des Basis-Bahnwiderstandes nach der NYQUIST-Beziehung. Auf Grund des Laufzeiteffektes nimmt das Rauschen mit ansteigender Frequenz zu.

Zu diesen beiden Rauschspannungen kommt im unteren Frequenzbereich bei Transistoren noch das Modulationsrauschen hinzu. Diese Rauschspannung nimmt nahezu nach der Beziehung $1/f$ mit ansteigender Frequenz ab.

Die einfachste Methode, die Rauschgrößen komplex zu erfassen, besteht darin, daß man den zu messenden Transistor mit der bekannten Größe einer Rauschspannungsquelle vergleicht. Als Vergleichsnormal eignen sich im unteren Frequenzbereich entsprechende Widerstände.

Den praktischen Aufbau einer Meßanordnung zur Bestimmung der Rauschspannung bis zu Frequenzen von etwa 100 kHz zeigt Abb. 25. Mit dieser

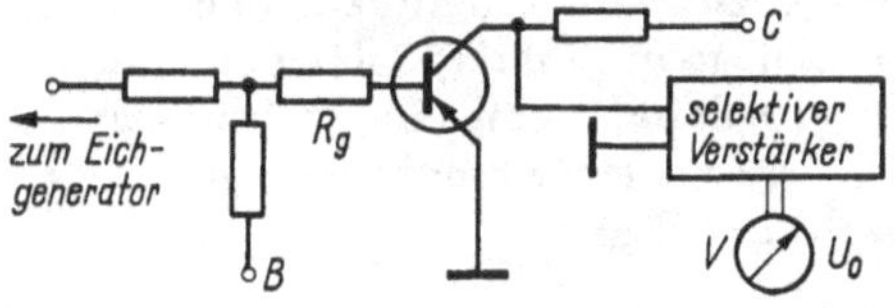

Abb. 25. Prinzipschaltung zur Rauschmessung bis $f = 100\,\text{kHz}$

Meßanordnung erfolgt eine direkte Rauschspannungsmessung. Der Generator mit dem Widerstand R_g liefert eine Leerlaufrauschspannung nach der Beziehung

$$U_r = \sqrt{4kT_0R_g\Delta f} = 4 \cdot 10^{-3}\sqrt{R_g\Delta f}.$$

Hierin ist R_g in kΩ und Δf in kHz einzusetzen. Die Rauschspannung U_r erscheint dann in μV. Die Bandbreite Δf ist bei Rauschmessungen immer als effektive Bandbreite einzusetzen, wofür mit genügender Annäherung

$$\Delta f = \sum_{i=f_0}^{f_n} \frac{U_i^2}{U^2_{max}}\, df$$

gilt. Die effektive Bandbreite läßt sich gemäß Abb. 26 graphisch einfach bestimmen, indem man die Durchlaßkurve in gleiche df-Intervalle einteilt und U_i ausmißt.

Mit einer bekannten Signalgröße wird nun die Verstärkung v der gesamten Meßanordnung bestimmt. Nach Abschalten des Generators ist die angezeigte Spannung gleich der Rauschspannung U'_{tot}.

Nunmehr läßt sich die auf den Eingang bezogene Rauschspannung U_{tot} nach

$$U_{tot} = \frac{U'_{tot}}{v}$$

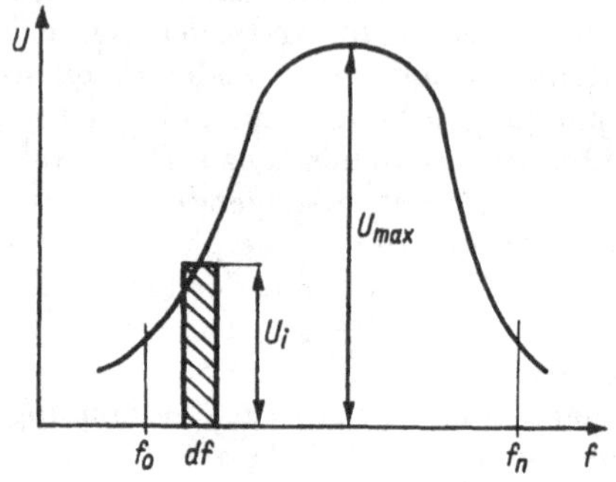

Abb. 26. Graphische Bestimmung der effektiven Bandbreite

bestimmen. Es ist allerdings zu berücksichtigen, daß der Mittelwert der Rauschspannung etwa 1,13mal so groß ist wie der der Sinusspannung. (Die Feststellung gilt allerdings nur dann, wenn ein effektivwert-geeichtes, aber den Mittelwert messendes Instrument verwendet wird.)

Bei Angabe der Rauschzahl in dB gilt

$$F[\text{dB}] = 20 \lg \frac{U_{tot}}{U_r}.$$

Der in der Meßschaltung eingesetzte Verstärker soll $3\,U'_{tot}$ begrenzungsfrei durchlassen. Die Meßgenauigkeit ist in erster Linie von der Genauigkeit der Verstärkungseichung und der Bandbreitenbestimmung abhängig. Es ist weiterhin wichtig, daß der Rauschabstand zwischen Prüfling und Verstärker so groß ist, daß das Eigenrauschen des Verstärkers vernachlässigt werden kann. Ist diese Forderung nicht zu erfüllen, so gilt

$$F_{\text{Meßobjekt}} = F_{\text{gesamt}} - \frac{F_{\text{verstärker}}}{v_{\text{LMeßobjekt}}}$$

(v_L = wirksame Verstärkung).

Da im NF-Gebiet das Rauschen eines Transistors fast unabhängig von der Schaltungsart ist, in der der Transistor betrieben wird, gilt der gemessene Wert für die Emitterschaltung und die Basisschaltung.

2.4. *Messungen an Schalttransistoren*

Neben den bereits behandelten statischen und dynamischen Daten interessiert bei Schalttransistoren noch das Verhalten bei Ansteuerung mit Impulsen. Abb. 27 zeigt einen idealen Rechteckimpuls, wie er an die Basis

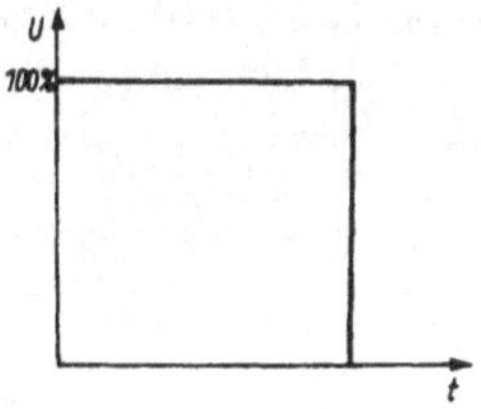

Abb. 27. Idealer Rechteckimpuls

eines Schalttransistors gelangt, während Abb. 28 den verstärkten Impuls am Kollektor des Transistors darstellt. Deutlich ist die Verformung des Impulses zu erkennen. Die Verformung kommt durch die Trägheit der Ladungsträger im Transistor zustande. Der verformte Ausgangsimpuls wird in verschiedene Zeitabschnitte zerlegt, deren Größe mit unterschiedlichen Meßmitteln ausgemessen werden kann. Abb. 28 zeigt die verschiedenen Zeitabschnitte.

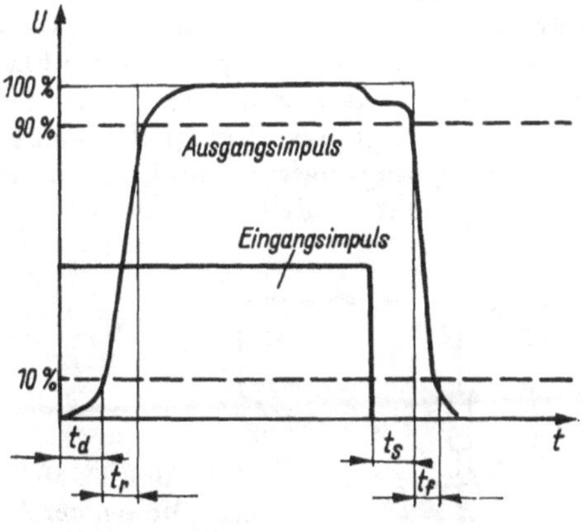

Abb. 28. Verformter Ausgangsimpuls

1. *Die Verzögerungszeit t_d:* Die Verzögerungszeit t_d ist die Zeit, die zwischen dem Eintreffen des Impulses an der Basis des Transistors und dem Zeitpunkt vergeht, bis die Größe des Ausgangsimpulses einen Wert von 10% der Gesamtamplitude erreicht hat.

2. *Die Anstiegszeit t_r:* Die Anstiegszeit t_r ist die Zeit, die vergeht, bis der Ausgangsimpuls von 10% auf 90% der Gesamtamplitude angestiegen ist.

3. Die Speicherzeit t_s: Die Speicherzeit t_s ist die Zeit, die zwischen dem Ende des Eingangsimpulses und dem Zeitpunkt vergeht, wo der Ausgangsimpuls auf 90% seiner Gesamtamplitude abgesunken ist.

4. Die Abfallzeit t_f: Die Abfallzeit t_f ist die Zeit, in der der Ausgangsimpuls von 90% auf 10% seiner Gesamtamplitude abgesunken ist.

Abb. 29 zeigt das Prinzip der Impulsansteuerung eines Transistors in Emitterschaltung. Die Bedingung $R_{i\ \mathrm{Generator}} \gg R_{e\ \mathrm{Transistor}}$ läßt sich bei der Emitterschaltung leicht erfüllen.

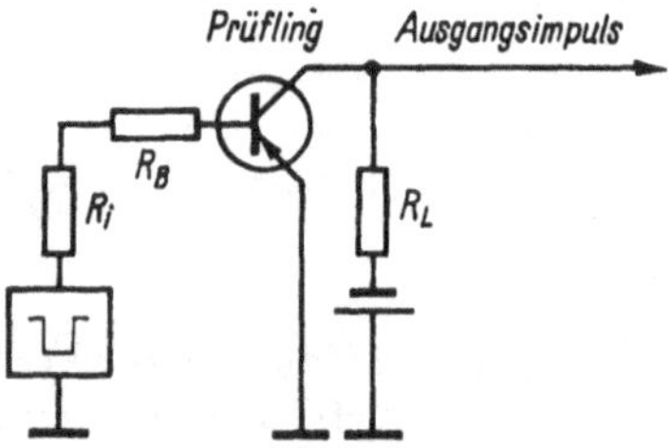

Abb. 29. Prinzip der Impulsansteuerung eines Transistors

2.4.1. *Messen der Anstiegszeit und Abfallzeit*

Beim Messen der Anstiegs- und Abfallzeit kann man davon ausgehen, daß Anstiegs- und Abfallzeit zwischen 10% und 90% nahezu gleich sind. Differenziert man den Kollektorimpuls, so erhält man Spannungsspitzen mit unterschiedlichem Vorzeichen, deren Amplituden proportional der Flankenneigung des Impulses sind. Aus der Amplitude der Spannungsspitzen lassen sich die Zeiten t_r und t_f ableiten. Abb. 30 zeigt das Prinzip der Meßschaltung zur Bestimmung von t_r und t_f. Zur Spannungsmessung muß ein Spitzenspannungsmesser oder ein Oszillograph eingesetzt werden.

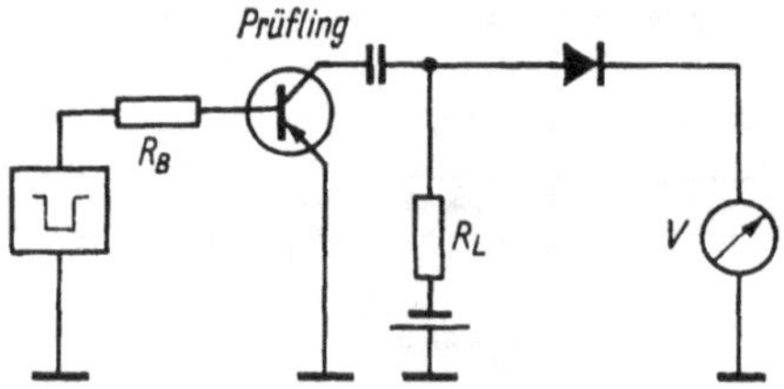

Abb. 30. Meßprinzip zum Messen der Anstiegszeit

2.4.2. *Messen der Speicherzeit*

Beim Messen der Speicherzeit t_s wird der Transistor vom Eingangsimpuls übersteuert. Dem um die Speicherzeit gegenüber dem Eingangsimpuls verlängerten Ausgangsimpuls wird der Eingangsimpuls mit gleicher Amplitude, aber entgegengesetztem Vorzeichen überlagert. Auf diese Weise wird der Ausgangsimpuls um die wirksame Zeit des Eingangsimpulses vermindert. Der verbleibende Restimpuls gelangt zur Anzeige und ist die Zeitbasis für die Speicherzeit. Die Meßschaltung zeigt Abb. 31 und die Impulsverhältnisse

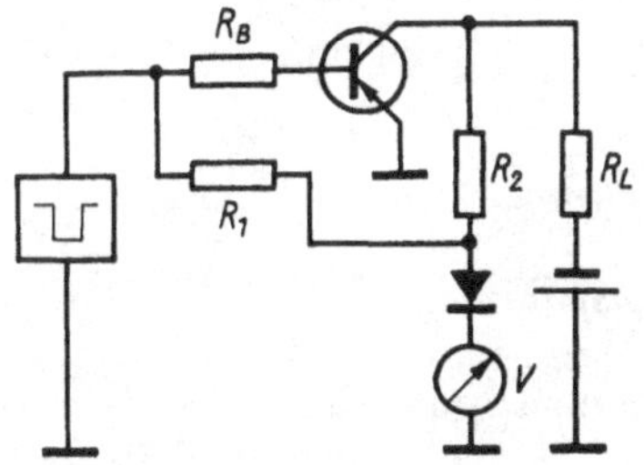

Abb. 31. Meßprinzip zum Messen der Speicherzeit

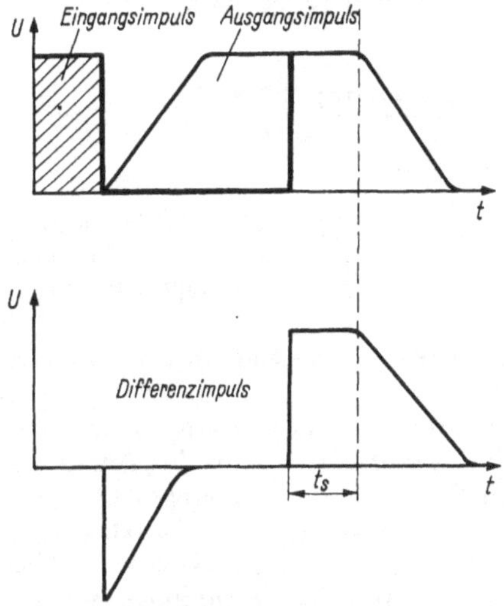

Abb. 32. Ausgangsimpuls mit gegengeschaltetem Eingangsimpuls

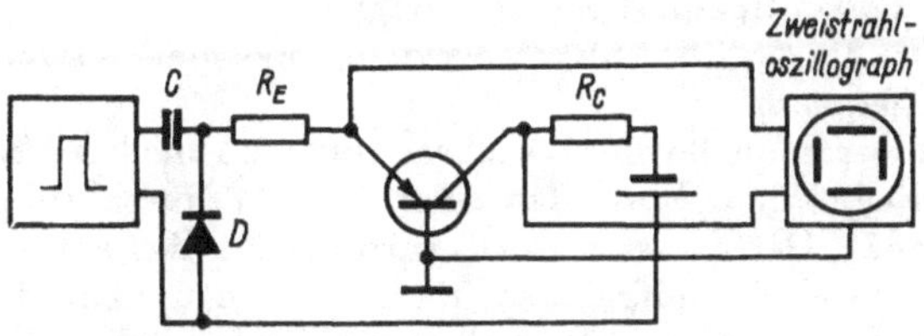

Abb. 33. Meßprinzip in Basisschaltung

Abb. 32. Zur Bestimmung der Speicherzeit muß mit einer Mittelwertanzeige und entsprechender Mittelwertgleichrichtung gearbeitet werden [3].

Eine Meßschaltung zur Bestimmung der einzelnen Impulszeiten zeigt Abb. 33. Der Transistor wird hier in Basisschaltung gemessen. Von einem

Rechteckgenerator wird die Basis des Prüflings gespeist. Zum Zwecke der Stromsteuerung muß R_E genügend groß gewählt werden. Die negative Halbwelle wird von der Diode *D* unterdrückt. Ein- und Ausgangsimpuls werden von einem Zweistrahloszillographen abgebildet und können gemäß Abb. 28 ausgewertet werden.

2.5. *Messen von Großsignalkenngrößen*

2.5.1. *Messen der Durchbruchspannung*

Mitunter wird von Leistungstransistoren ein hohes Sperrvermögen bei sehr hohen Strömen verlangt. Abb. 34 zeigt nun eine Meßschaltung, mit der sich auf sehr einfache Weise die Durchbruchspannung von Leistungstran-

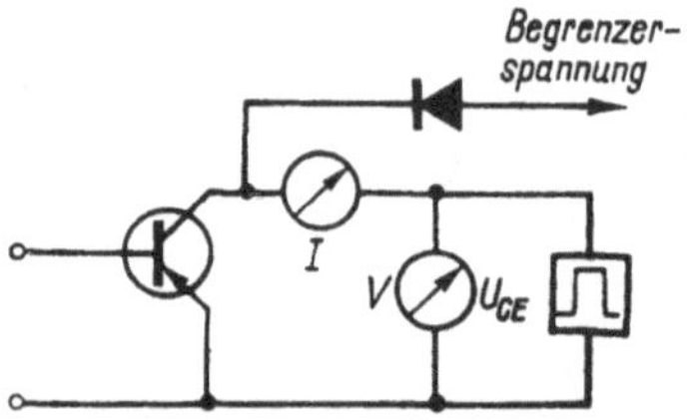

Abb. 34. Messen der Durchbruchspannung bei großen Strömen nach der Impulsmethode

sistoren bestimmen läßt. Es wird bei diesem Meßprinzip mit der Impulsmethode gearbeitet. Bei der Anwendung dieses Prinzips ist allerdings ein Impulsgenerator notwendig, der Impulsspannungen bis etwa 100 V bei Strömen bis zu 2 A liefert. Die Impulsbreite sollte bis 200 µs reichen. Für die Spannungsmessung wird ein Spannungsmesser eingesetzt, dem ein Spitzengleichrichter und diesem ein Multivibrator vorgeschaltet wird, so daß nur die zweite Hälfte des zu bewertenden Impulses gemessen wird. Diese Maßnahme ist notwendig, damit im Falle rückläufiger Kennlinien oder zweiter Durchbrüche keine zu hohen Spannungen angezeigt werden.

Bei der Schaltung gemäß Abb. 35 wird in folgender Weise eine Impulsansteuerung vorgenommen:

Eine Konstantstromquelle im Basiskreis und die niedrige Kollektorhilfsspannung U_{C1} dienen dem Einstellen eines für den Durchbruch bestimmten Kollektorstromes I_C. Der Kondensator *C* wird von der Kollektorspannung U_{C2} über den Widerstand R_1 aufgeladen und kann sich über den periodisch schließenden Schalter *S* (Quecksilberschaltung) und den Transistor entladen. Diese Spannung wird so lange erhöht, bis die über den Meßwiderstand R_3 abfallende Meßspannung, die zur Kennlinienaufnahme auf dem Oszillographenschirm sichtbar wird, so groß wird, daß die Kennlinie eine definierte Neigung zeigt, was der Fall ist, wenn h_{22e} sehr groß ist. Ein weiteres Meßprinzip unter Verwendung eines Oszillographen zeigt Abb. 36. Dieses Verfahren nach *Hagmeister* [4] basiert auf einer Abschaltmethode und gestattet die Beurteilung des Sperrverhaltens eines Transistors auch bei sehr hohen Strömen. Der Prüfling wird von einem festgelegtem Ein-Zustand abgeschaltet.

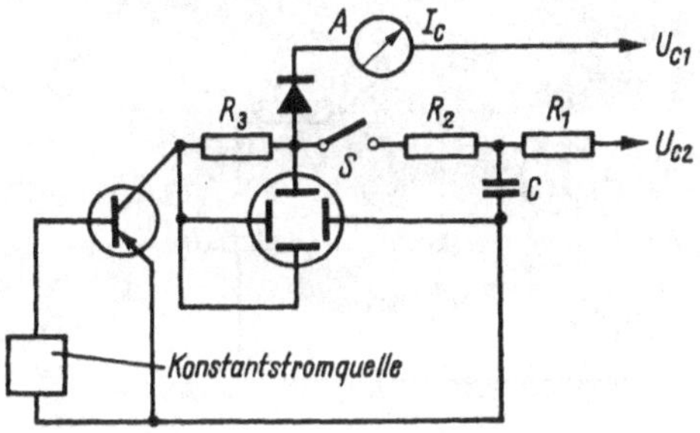

Abb. 35. Messen der Durchbruchspannung bei großen Strömen mit Oszillographen

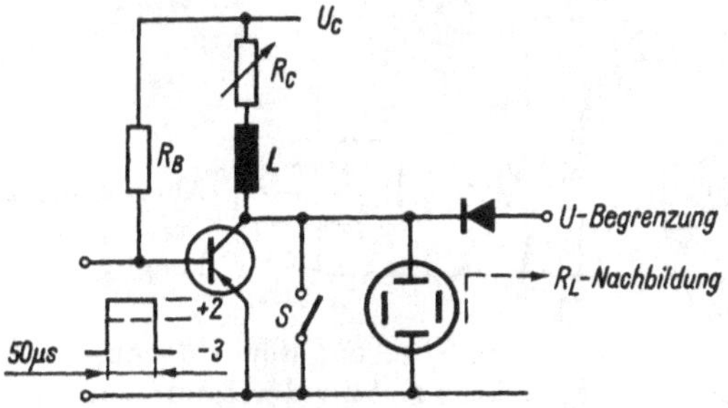

Abb. 36. Messung der Durchbruchspannung nach der Abschaltmethode

Dabei hält L den Kollektorstrom so lange konstant, bis die vom Basiskreis vorgegebene Durchbruchskennlinie erreicht ist. Von hier aus wird die Kennlinie bis zur Versorgungsspannung U_C durchlaufen, wenn nicht ein neuer Impuls in den Ein-Bereich schaltet. Während des Abschaltvorganges muß der Prüfling die Energie $LI_C^2/2$ aufnehmen. Je nach Verwendungszweck kann für bequeme Selektion eine Lastgerade in das Schirmbild eingeblendet werden.

2.5.2. *Messen der Stromverstärkung*

Eine Grundschaltung zum Messen der Stomverstärkung zeigt Abb. 37. Dazu ist zu bemerken, daß bei genaueren Messungen der Strom I_{CB0} nicht nur bei kleineren Ansteuerungen berücksichtigt werden muß, sondern auch bei höheren Temperaturen bis zu Kollektorströmen von einigen 100 mA erhebliche Korrekturen mit sich bringen kann.

Abb. 38 zeigt eine Kontrolleinrichtung auf minimale Stromverstärkung. Die beiden Stromgeneratoren für den Kollektor- und den Basisstrom werden auf den gewünschten Wert eingestellt. Wird eine maximale Restspannung U_{CE0} vorgegeben, so zeigt die Einhaltung dieser Bedingung gleichzeitig die Erfüllung der Minimalforderung hinsichtlich der Stromverstärkung an.

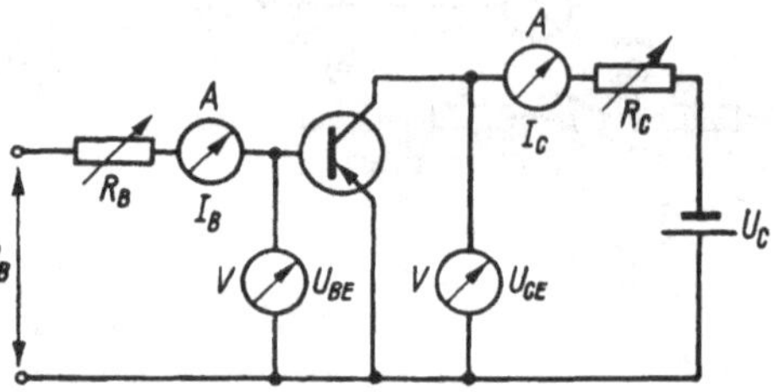

Abb. 37. Grundschaltung zum Messen der Stromverstärkung

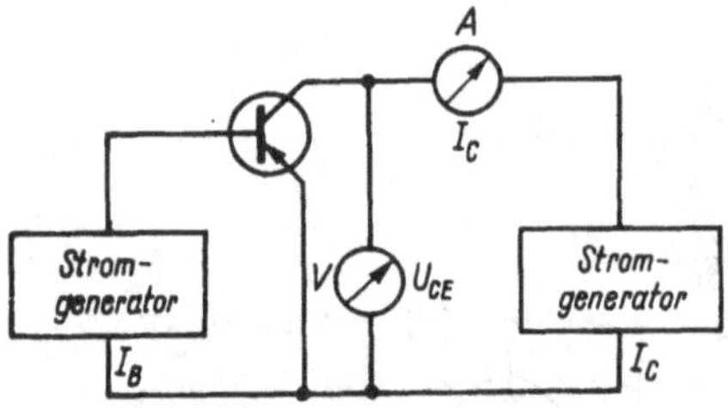

Abb. 38. Kontrolleinrichtung für minimale Stromverstärkung

Abb. 39 zeigt eine Meßschaltung, die auf der Tatsache aufbaut, daß bei legierten Transistoren der Kollektor-Bahnwiderstand sehr klein ist, so daß $U_{CB} = 0$ gesetzt werden kann. Man kann also auf eine Kollektorstromversorgung verzichten. Das Meßinstrument I_B kann in den Einheiten der Stromverstärkung geeicht werden. Ebenfalls in Basisschaltung wird bei der Meßmethode gemäß Abb. 40 gemessen. Es handelt sich hier um eine Brückenschaltung, die sich zur Messung mit höheren Spannungen und Strömen eignet.

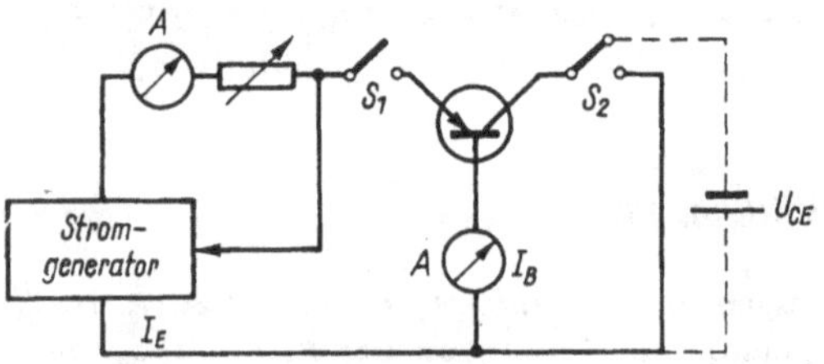

Abb. 39. Messung der Kurzschluß-Stromverstärkung in Basisschaltung

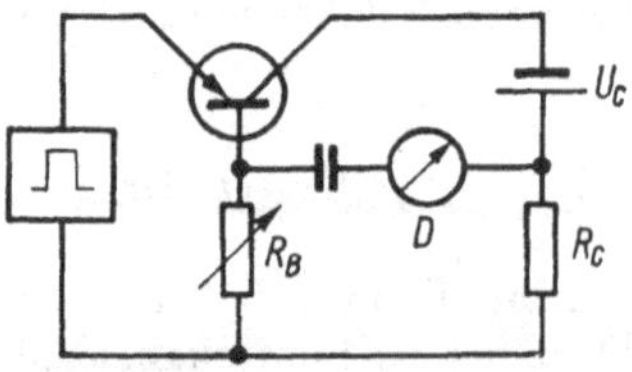

Abb. 40. Messung der Kurzschluß-Stromverstärkung mittels Nulldetektor

Um thermische Überlastungen des Prüflings zu vermeiden, wird in den Emitterkreis eine Impulsspannung eingespeist und zur Anzeige ein Nulldetektor eingesetzt.

2.5.3. *Messen des Übergangsverhaltens*

In vielen Fällen ist es nicht notwendig, die bekannten vier Zeitabschnitte eines Impulses einzeln zu bestimmen. Es genügt dann, die einzelnen Zeitabschnitte wie folgt zusammenzufassen:

$$\text{Einschaltzeit } t_e = \text{Verzögerungszeit } t_d + \text{Anstiegszeit } t_r,$$
$$\text{Ausschaltzeit } t_a = \text{Speicherzeit } t_s + \text{Abfallzeit } t_f.$$

Abb. 41 zeigt das Schaltungsprinzip, mit dem diese Zeiten bestimmt werden können. Der ausgezogene Teil der Schaltung stellt die Grundschaltung dar.

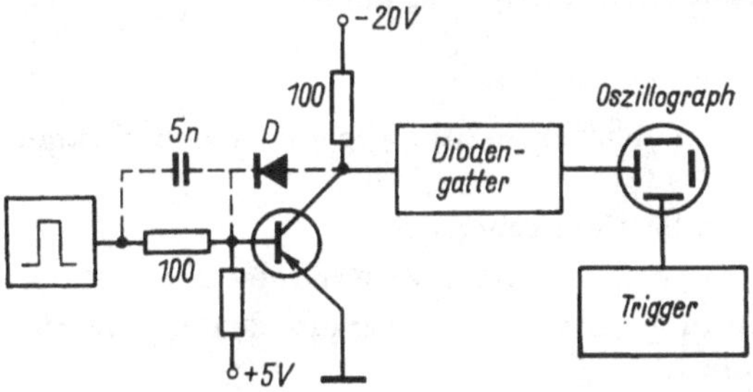

Abb. 41. Meßprinzip zur Messung von Schaltzeiten

Die Schaltung besteht aus der Spannungsquelle für die Stromversorgung und der Spannungsquelle für die Basisausräumspannung. Hinzu kommt die Impulsspannungsquelle zur Ansteuerung des Prüflings. Die Grundschaltung kann zum Zwecke der Verkürzung der Anstiegszeit mit dem Kondensator 5 nF und zur Vermeidung einer zu starken Sättigung mit der Diode erweitert werden. Da das Ablesen der 10%- und 90%-Grenzen an normalen Oszillographen mitunter zu große Ungenauigkeiten ergibt, erscheint es zweckmäßig, dem Schirmbild eine Markierung zu überlagern. Zu diesem Zweck wird die Schaltung um ein Diodengatter erweitert, was mit einem nachgeschalteten Mischverstärker gekoppelt ist. Die Wirkungsweise der Meßschaltung ist folgende: Gemäß den im Schaltbild angegebenen Werten entspricht der 90%-Punkt bei der Einschaltkurve eines Impulses einer Kollektorspannung von 2 V. Diese 2 V werden einer Diodenbrückenschaltung zugeführt, die ihrerseits an einer stabilisierten Spannung von 2 V liegt. Überschreitet der Impuls diese Spannung, so wird die Kollektorspannung kleiner als 2 V und schaltet eine entsprechend gepolte Diode in Durchlaßrichtung. Die an einem Meßwiderstand abfallende Spannung, die proportional zum Durchlaßstrom der Diode ist, wird einem Mischverstärker zugeführt, wo sie der linearen Impulsanstiegskurve überlagert wird. Auf diese Weise entsteht am 90%-Punkt ein deutlicher Knick in der Kurve. Mit Hilfe der Triggerschaltung lassen sich beide Vorgänge gleichzeitig sichtbar machen.

2.5.4. Messen der Schaltzeitkonstanten

Aufbauend auf den Theorien von EBERS, MOLL, EKKIS, SIMMONS und SPARKES, werden für die Schaltzeiten folgende Gleichungen angegeben [5]:

Anstiegszeit t_r: $$t_r = \tau_R h_{FE} \ln \left[\frac{1 - 0{,}1\, I_B/I_{B1}}{1 - 0{,}9\, I_B/I_{B1}}\right],$$

Abfallzeit t_f: $$t_f = \tau_F\, h_{FE} \ln \left[\frac{1 + 0{,}9\, I_B/I_{B2}}{1 + 0{,}1\, I_B/I_{B2}}\right].$$

In den Formeln bedeuten:

I_B = Basisstrom, um den Transistor gerade in den Sättigungsbereich zu schalten,

I_{B1} = Basisstrom im Sättigungsbereich,

I_{B2} = Basisstrom im ausgeschalteten Zustand des Transistors,

h_{FE} = Stromverstärkung, die mit I_B gerade den gewünschten Kollektorstrom I_{CS} ergibt.

Wird I_{B1} bzw. I_{B2} groß gegenüber I_B gewählt, z. B. $I_{B1} = 5\, I_B$ (somit fünffache Sättigung), so ergibt sich für die Schaltzeitkonstanten:

$$\tau_R = t_r \frac{I_{B1}}{0{,}8\, I_{CS}}, \qquad \tau_F = t_f \frac{I_{B2}}{-\, 0{,}8\, I_{CS}}.$$

Die Messung von t_r erfolgt gemäß der Meßschaltung in Abb. 42. Das Messen der Abfallzeit erfolgt gemäß Meßschaltung Abb. 43. Bei der Messung gemäß Abb. 42 wird mit R_1 der Strom I_{B1} so eingestellt, daß

$$I_{B1} = 5 \frac{I_{CS}}{h_{FE}}$$

ist. Der Lastwiderstand R_L ist so zu dimensionieren, daß ein Halbieren oder Verdoppeln seines Wertes keinen Einfluß auf die Anstiegszeit hat. Dabei muß R_1 zwecks Einhaltung der Sättigungsbedingung gegebenenfalls mit variiert werden. Mit der erhaltenen Anstiegszeit läßt sich die Zeitkonstante τ_R errechnen.

Die Abfallzeit wird mit Hilfe der Schaltung gemäß Abb. 40 ermittelt. Unter Beibehaltung des gleichen R_L wird $R_1 = R_2$ gewählt. U_1 muß doppelt so groß sein wie der zum Abschalten benutzte positive Spannungsimpuls. Bei

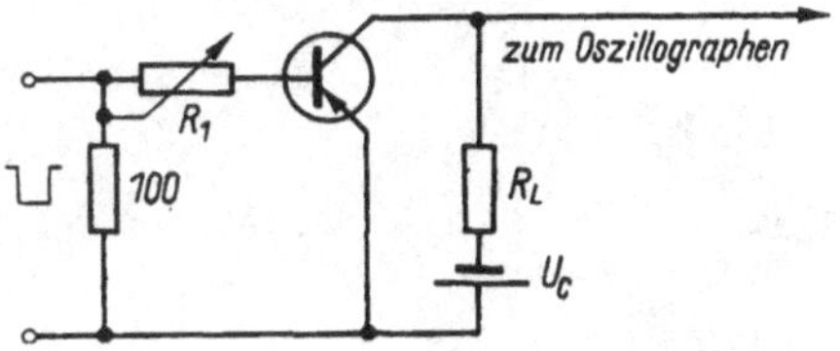

Abb. 42. Messung von t_r

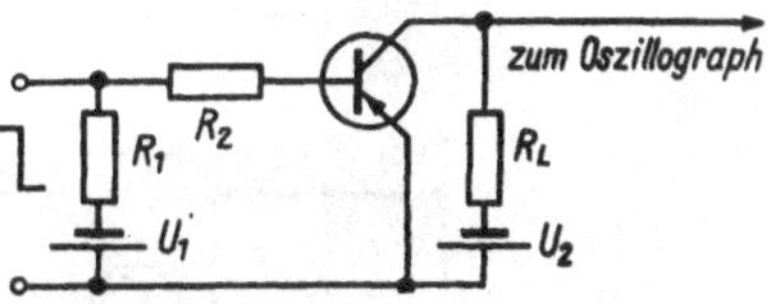

Abb. 43. Messung von t_f

ausgeschaltetem Transistor fließt dann der Basisstrom I_{B2}, der unter obengenannten Bedingungen an Stelle von I_{B1} tritt. τ_F läßt sich somit ebenfalls errechnen. Zu beiden Messungen wird ein Oszillograph benötigt.

Die Speicherzeit kann ebenfalls errechnet werden:

$$t_s = \tau_F \ln \left[1 + \frac{I_{B1} - I_{CS}/h_{FE}}{I_{B2} - I_{CS}/h_{FE}}\right].$$

Die Speicherzeitkonstante ergibt sich aus

$$\tau_s = \frac{t_s}{\ln 2}.$$

Dabei ist zu beachten, daß I_{CS}/h_{FE} klein gegenüber dem gewählten Basisstrom sein muß. Dabei ist $I_{B1} = I_{B2}$ einzustellen. Die Messung erfolgt mit Hilfe der Abfallzeitmethode [5, 6].

2.6. *Messungen an Hochfrequenztransistoren*

Der Einsatz von Transistoren im Hochfrequenzgebiet erfordert, daß das Verhalten dieser Bauelemente auch in diesem Frequenzbereich untersucht und ausgemessen wird.

Während NF-Transistoren durch die Hybridmatrix dargestellt werden, wird bei der Kennzeichnung der Vierpoleigenschaften von HF-Transistoren eine Leitwertmatrix benutzt. Die Anwendung der Leitwertmatrix bringt Vorteile mit sich. So läßt sich z. B. der Transistorleitwert direkt zu den Leitwerten anderer Bauelemente innerhalb einer Schaltung addieren.

Die Kenngrößen des Transistors werden durch die y-Parameter ausgedrückt. Abb. 44 zeigt den Transistor als Vierpol.

Die Übertragungseigenschaften des HF-Transistors werden durch die beiden Vierpolgleichungen ausgedrückt:

$$i_1 = y_{11} u_1 + y_{12} u_2,$$

$$i_2 = y_{21} u_1 + y_{22} u_2.$$

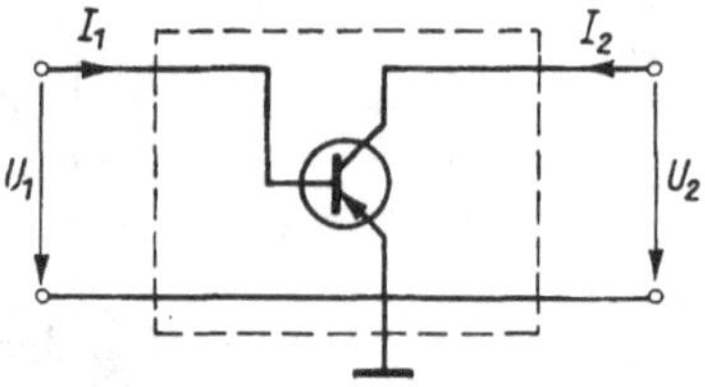

Abb. 44. Transistor als Vierpol

Diese Schreibweise stellt die allgemeine Form der Vierpolgleichungen dar. Unter Berücksichtigung der neueren Norm gilt für die Schreibweise der Vierpolgleichungen eines HF-Transistors in Emitterschaltung:

$$i_1 = y_{ie} u_1 + y_{re} u_2,$$

$$i_2 = y_{fe} u_1 + y_{oe} u_2.$$

In diesen Gleichungen sind die einzelnen Parameter wie folgt definiert:

Kurzschluß-Eingangsleitwert (für $u_2 = 0$): $y_{ie} = \frac{i_1}{u_1}$,

Kurzschluß-Ausgangsleitwert (für $u_1 = 0$): $y_{oe} = \frac{i_2}{u_2}$,

Vorwärtssteilheit (für $u_2 = 0$): $y_{fe} = \frac{i_2}{u_1}$,

Rücksteilheit (für $u_1 = 0$): $y_{re} = \frac{i_1}{u_2}$.

In der folgenden Tabelle sind die allgemeine Schreibweise, die neuere Schreibweise für die Emitterschaltung und die in den Komponenten der Parameter enthaltenen Größen, die von den Herstellern vielfach angegeben werden, zusammengestellt:

Kurzschluß-Eingangsleitwert	y_{11}	y_{ie}		
Realteil	G_{11}	g_{ie}	$kR_e = \frac{1}{g_{ie}}$	(Eingangswiderstand)
Imaginärteil	g_{11}	ωc_{ie}	$C_{BE} = c_{ie}$	(Eingangskapazität)
Kurzschluß-Ausgangsleitwert	y_{22}	y_{oe}		
Realteil	G_{22}	g_{oe}	$kR_i = \frac{1}{g_{oe}}$	(Innenwiderstand)
Imaginärteil	g_{22}	ωc_{oe}	$C_{CE} = c_{oe}$	(Ausgangskapazität)
Vorwärtssteilheit	y_{21}	y_{fe}		
Betrag	$\|y_{21}\|$	$\|y_{fe}\|$	$\|S\| = \|y_{fe}\|$	(Betrag der Vorwärtssteilheit)
Phasenwinkel	φ_{21}	φ_{fe}	$\varphi_{21} = \varphi_{fe}$	(Phasenwinkel der Vorwärtssteilheit)
Rücksteilheit	y_{12}	y_{re}		
Realteil	G_{12}	g_{re}	$R_{rü} = \frac{1}{g_{re}}$	(Rückwirkungswiderstand)
Imaginärteil	g_{12}	ωc_{re}	$C_{rü} = c_{re}$	(Rückwirkungskapazität)

Da sämtliche Parameter frequenzabhängig sind, muß neben dem Arbeitspunkt des Transistors auch die Meßfrequenz angegeben werden. Die Umrechnung der Parameter der Emitterschaltung in die der Basis- und Kollektorschaltung erfolgt nach nachstehender Tabelle:

Basisschaltung	Emitterschaltung	Kollektorschaltung
y_{ib}	$= y_{ie} + y_{re} + y_{fe} + y_{oe}$	
	y_{ie}	$= y_{ic}$
y_{rb}	$= -(y_{re} + y_{oe})$	
	$-(y_{ie} + y_{re})$	$= y_{rc}$
y_{fb}	$= -(y_{fe} + y_{oe})$	
	$-(y_{ie} + y_{fe})$	$= y_{fc}$
y_{ob}	$= y_{oe}$	
	$y_{ie} + y_{re} + y_{fe} + y_{oe}$	$= y_{oc}$

2.6.1. Messen der y-Parameter

Einen sehr praktischen Meßaufbau zur Messung der y-Parameter gibt Telefunken an [7]. Abb. 45 zeigt das Stromversorgungsteil zu den folgenden Meßschaltungen. Mit dem gezeigten Netzteil lassen sich die Arbeitspunkte der

Prüflinge einstellen. Hinter dem GRAETZ-Gleichrichter stehen 44 V zur Verfügung. Die beiden ZENER-Dioden stabilisieren die beiden Teilspannungen zu

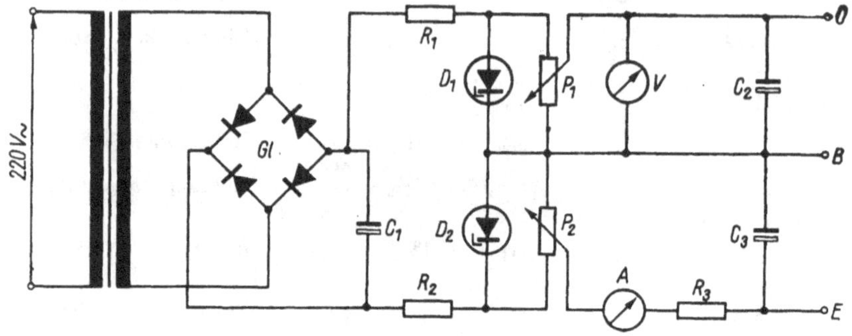

Abb. 45. Netzgerät zur Arbeitspunkteinstellung

je 14 V, die als Kollektor- und Emitterspannung für die Meßanordnungen zur Verfügung stehen. Die Bauteile des Netzteiles sind:

$R_1 = R_2 = 820\,\Omega$, $D_1 = D_2 =$ ZENER-Diode 14 V, $P_1 = P_2 = 2{,}5\,\mathrm{k\Omega}$,

$R_3 = 10\,\mathrm{k\Omega}$, $C_1 = 50\,\mu\mathrm{F}$, $C_2 = C_3 = 10\,\mu\mathrm{F}$.

2.6.1.1. *Bestimmung des Kurzschluß-Eingangsleitwertes* y_{ie}

Die Bestimmung des Kurzschluß-Eingangsleitwertes nach Real- und Imaginärteil erfordert die Bereitstellung eines Generators mit hohem Innenwiderstand. Ein konstanter Hochfrequenzstrom wird in einen abgestimmten Parallelschwingkreis eingespeist, so daß die Spannung am Kreis umgekehrt proportional seinem Parallelleitwert wird. Parallel zu diesem Kreis liegt der Transistoreingang. Nach erneuter Abstimmung des Kreises stellt sich am Schwingkreis eine Spannung ein, die der Summe aus Kreisleitwert und Realteil des Meßobjektleitwertes entspricht. Wird zum Abstimmen des Kreises eine variable Kapazität benutzt, so ist die Kapazitätsdifferenz der Resonanzeinstellung gleich der Parallelkapazität des Prüflings. Bezeichnet man mit $\underline{U}_0$ die Resonanzspannung des Kreises mit dem Kreisleitwert G_{kr} und mit $\underline{U}_1$ die Resonanzspannung des mit dem Transistoreingang bedämpften Kreises, so ist der Realteil des Transistoreingangsleitwertes

$$g_{ie} = \frac{1}{k R_e} = G_{kr}\left(\frac{\underline{U}_0}{\underline{U}_1} - 1\right).$$

Es gilt weiter für den Eingangswiderstand kR_e mit dem Parallel-Ersatzwiderstand $R_p = 1/G_{kr}$ des Kreises allein:

$$kR_e = \frac{1}{g_{ie}} = \frac{R_p}{\dfrac{\underline{U}_0}{\underline{U}_1} - 1}.$$

Die Resonanzspannung $\underline{U}_0$ wird zweckmäßigerweise so gewählt, daß das Röhrenvoltmeter gerade Vollausschlag zeigt. Zur Arbeitserleichterung wird die Skala des Röhrenvoltmeters in Leitwerts- oder Widerstandseinheiten geeicht. Die Meßschaltung ist in Abb. 46 dargestellt. Die HF-Spannung wird

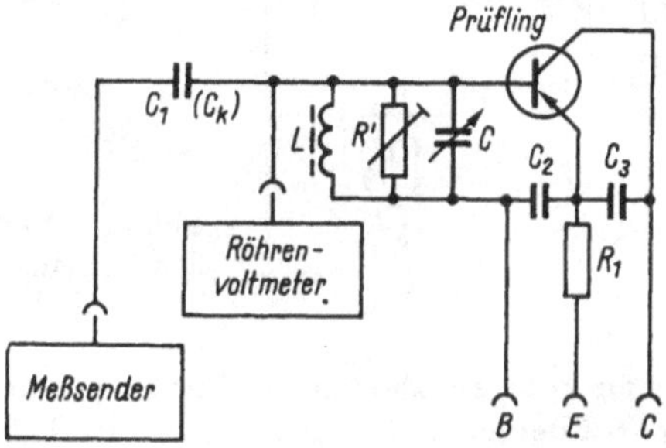

Abb. 46. Meßschaltung zur Bestimmung von y_{ie}

über die Koppelkapazität C_1 in den Schwingkreis eingespeist. Dabei muß C_1 so klein sein, daß der über C_1 fließende Strom unabhängig von den Werten des Schwingkreises ist. Die Resonanzspannung des Kreises, $\underline{U}_0$, soll nicht größer als 5 mV sein, da es sonst zu einer Übersteuerung des Prüflings kommen kann. Die zu erwartende Kapazitätsänderung ΔC darf nicht kleiner sein als die Eingangskapazität des Prüflings. Mit dem Potentiometer R' läßt sich der gewünschte Kreisleitwert einstellen. Um unerwünschte Verkopplungen zu vermeiden, ist ein gedrängter Aufbau der Meßschaltung mit kurzen Leitungsführungen vorzunehmen. Nachfolgende Tabelle gibt die Meßfrequenzen und die zugehörigen Bauelementewerte an.

f[MHz]	R_p[kΩ]	ΔC[pF]	R'[kΩ]	L[μH]	C_1[pF]
0,47	3	500	5	230	10
1,0	1	500	2	50,5	10
2,0	1	500	2	12,7	5
5,0	1	300	2	3,38	3
10,7	0,3	300	0,5	0,74	3
25,0	0,3	300	0,5	0,135	1

$C_2 = C_3 = 0{,}1\ \mu F$, $R_1 = 1\ k\Omega$.

2.6.1.2. *Bestimmung des Kurzschluß-Ausgangsleitwertes y_{oe}*

Das prinzipiell gleiche Meßverfahren kann zur Messung des Kurzschluß-Ausgangsleitwertes herangezogen werden. Es gelten somit die bereits angeführten Formeln, wenn an Stelle von g_{ie} der Ausgangsleitwert g_{oe} bzw. an Stelle von kR_e der Innenwiderstand kR_i eingesetzt wird. Die Meßschaltung zeigt Abb. 47. Der Schwingkreis ist allerdings, wegen des hohen Innenwiderstandes

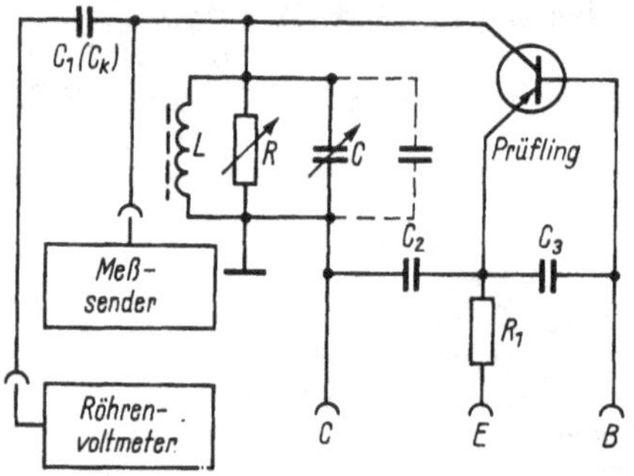

Abb. 47. Meßschaltung zur Bestimmung von y_{ie}

des Prüflings, hochohmiger auszulegen als bei der Messung von y_{ie}. Die HF-Meßspannung soll 1 V nicht überschreiten. Nachfolgende Tabelle gibt die Meßfrequenz und die Bauelementewerte an:

f[MHz]	R_p[kΩ]	ΔC[pF]	R'[kΩ]	L[µH]	C_1[pF]
0,47	300	30(+100)	2000	885	5
1,0	100	30(+50)	500	316	5
2,0	100	30	500	211	3
5,0	30	30	100	34	3
10,7	30	30	100	7,4	2
25,0	30	30	100	2,02	1

$C_2 = C_3 = 0{,}1\,\mu\text{F},\ R_1 = 1\,\text{k}\Omega.$

2.6.1.3. *Bestimmung der Vorwärtssteilheit y_{fe}*

Nach der Definition für die Vorwärtssteilheit von Transistoren in Emitterschaltung,

$$y_{fe} = \left(\frac{\partial I_C}{\partial U_{BE}}\right)_{U_{CE} = \text{const}},$$

gilt für kleine Ströme und Spannungen:

$$y_{fe} = \left(\frac{\underline{I}_C}{\underline{U}_{BE}}\right)_{\underline{U}_{CE} = 0}$$

In den Formeln bedeuten:

$\underline{I}_C$ = Kollektorwechselstrom,
$\underline{U}_{CE}$ = Kollektorwechselspannung,
$\underline{U}_{BE}$ = Basiswechselspannung.

Bei bekannter Spannung $\underline{U}_{BE}$ ist also $\underline{I}_C$ ein Maß für die Vorwärtssteilheit. Da vorerst nur der Betrag der Steilheit, also $|y_{fe}|$, gemessen werden soll, interessieren bei diesem Meßverfahren auch nur die Beträge $|y_c|$ und $|\underline{U}_{BE}|$. Der Betrag des Kollektor-Kurzschlußwechselstromes $|\underline{I}_C|$ wird an einem gegenüber dem komplexen Innenwiderstand des Transistors sehr kleinen Widerstand R_c bestimmt. R_c liegt in der Größenordnung von 10 bis 100 Ω. Damit ist der Betrag der Kollektorwechselspannung $|\underline{U}_{CE}|$ am Widerstand R_c eine lineare Funktion von $|y_{fe}|$:

$$|y_{fe}| = \frac{|\underline{U}_{CE}|}{R_C |\underline{U}_{BE}|} = |\underline{U}_{CE}| \cdot \text{const.}$$

Die Meßschaltung zeigt Abb. 48. An der Basis des Prüflings liegt die konstante Wechselspannung $\underline{U}_{BE}$. Die über R_c abfallende Spannung $\underline{U}_{CE}$ wird mittels Röhrenvoltmeter bestimmt, wobei $|y_{fe}|$, bei entsprechend in mS geeichter Röhrenvoltmeterskala, dort direkt abgelesen werden kann. Um Übersteuerungen des Prüflings mit Sicherheit zu vermeiden, ist es zweckmäßig, die Basiswechselspannung 1 mV groß zu wählen. Befindet sich der Schalter S in Stellung a, so wird am Röhrenvoltmeter $\underline{U}_{BE} = 1$ mV abgelesen und am Generator genau eingestellt. In der Schalterstellung b kann dann der Betrag $|y_{fe}|$ direkt abgelesen werden.

Die Bauelemente der Meßschaltung sind:

$$C_1 = 40\,\text{nF},\ C_2 = 0{,}1\,\mu\text{F},\ C_3 = 1\,\mu\text{F},\ R_1 = 100\,\Omega,\ R_2 = 1\,\text{k}\Omega.$$

Beim Aufbau der Schaltung ist wiederum auf kürzeste Leitungsführung zu achten.

Die nachfolgend beschriebene Meßanordnung gestattet das Bestimmen der Vorwärtssteilheit, getrennt nach Real- und Imaginärteil. Die Meßschaltung arbeitet in einer Brückenschaltung, deren Prinzip in Abb. 49 dargestellt ist.

Wird an die Basis des zu messenden Transistors die Wechselspannung $\underline{U}_{BE}$ gelegt, so ergibt sich ein Kollektorwechselstrom nach $\underline{I}_C = y_{fe}\underline{U}_{BE}$, wenn die Kollektorwechselspannung $\underline{U}_{CE} = 0$ ist. $\underline{U}_C$ wird Null, wenn der über den

Brückenleitwert Y fließende Wechselstrom $\underline{I}'$ im Betrag gleich $\underline{I}_C$ ist. Dabei fließen die beiden Ströme in entgegengesetzten Richtungen. Dieser Fall tritt ein, wenn $Y = y_{fe}$ wird. Es ist also zur Bestimmung von y_{fe} der Brückenleitwert Y so abzustimmen, daß die am Kollektor mit einem Röhrenvolt-

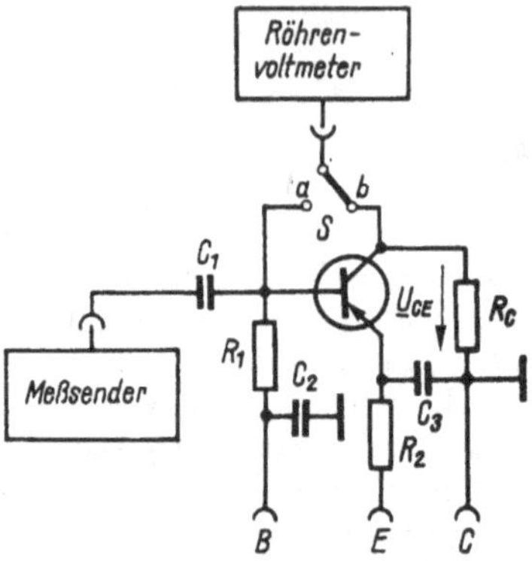

Abb. 48. Meßschaltung zur Bestimmung von $|y_{fe}|$

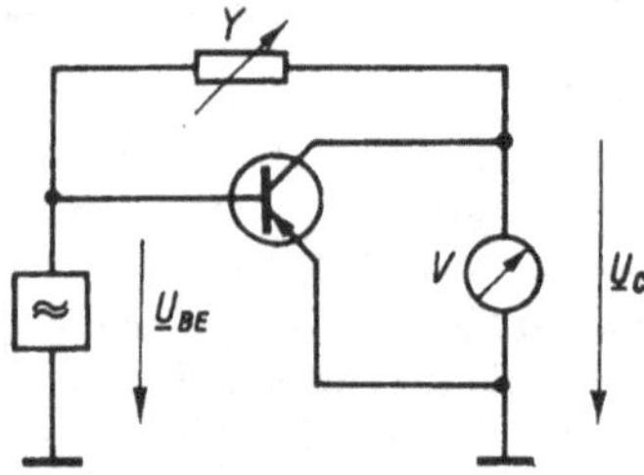

Abb. 49. y_{fe}-Meßprinzip

meter gemessene Spannung gleich Null wird. Da jedoch y_{fe} im HF-Gebiet komplex ist, muß auch Y komplex sein. Y muß also im Real- und Imaginärteil abgleichbar sein. Da eine variable Induktivität konstruktiv auf einige Schwierigkeiten stößt, wurde Y als variable Kapazität ausgelegt. Diese muß allerdings an eine $\underline{U}_{BE}$ gleich große Spannung $-\underline{U}_{BE}$ angeschlossen werden. Der über C fließende Strom ist dann um 180^0 phasenverschoben und somit mit dem Strom identisch, der durch den induktiven Anteil von Y fließen würde. Die Phasenumkehr läßt sich sehr einfach mittels eines Übertragers durchführen, wie es in Abb. 50 gezeigt wird.

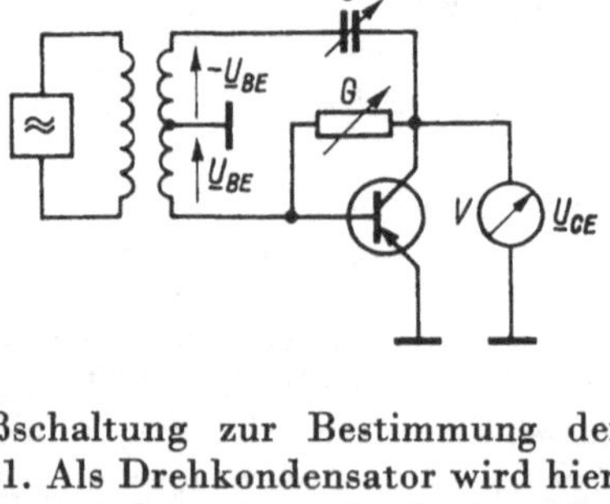

Abb. 50. y_{fe}-Meßprinzip mit Phasenumkehrtransformator

Eine Meßschaltung zur Bestimmung der komplexen Vorwärtssteilheit zeigt Abb. 51. Als Drehkondensator wird hier ein 500-pF-Typ eingesetzt. Die Messung selbst wird durch wechselweisen Abgleich der Brückenglieder G und

C auf das Minimum der Kollektorwechselspannung durchgeführt. Die HF-Eingangsspannung soll etwa 30 mV am Eingang des Transformators betragen. An der Basis des Prüflings stehen dann 3 mV. Bei größeren Spannungen kann

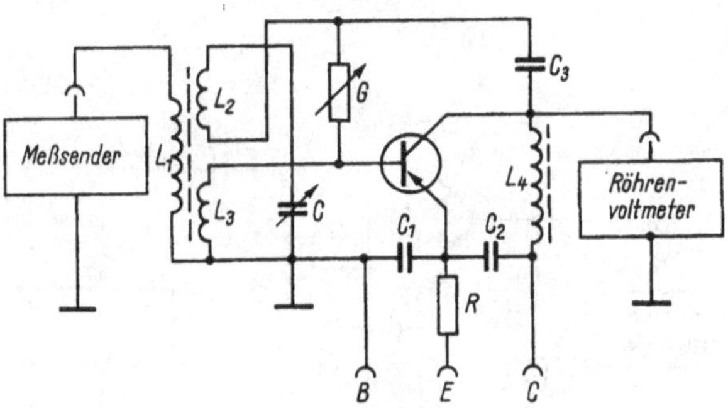

Abb. 51. Meßschaltung zur Bestimmung von y_{fe}

es zu einer Übersteuerung des Transistors kommen.

Das Ausrechnen des Betrages sowie des Phasenwinkels aus den abgelesenen *G*- und *C*-Werten kann nach den Gleichungen

$$y_{fe} = \sqrt{G^2 + (\omega C)^2}, \qquad \tan \varphi_{fe} = \frac{\omega C}{G}$$

erfolgen. Beträgt der Phasenwinkel mehr als 90°, wird der Realteil also negativ, so ist der Leitwert *G* parallel zu *C* zu schalten.

2.6.1.4. Bestimmung der Rücksteilheit y_{re}

Abb. 52 zeigt das Meßprinzip zur Bestimmung der Rücksteilheit y_{re}. Es handelt sich hier wiederum um eine Brückenschaltung, bei der im abgeglichenen Zustand $Y_N = y_{re}/ü$ der über Y_N fließende Wechselstrom gleich dem

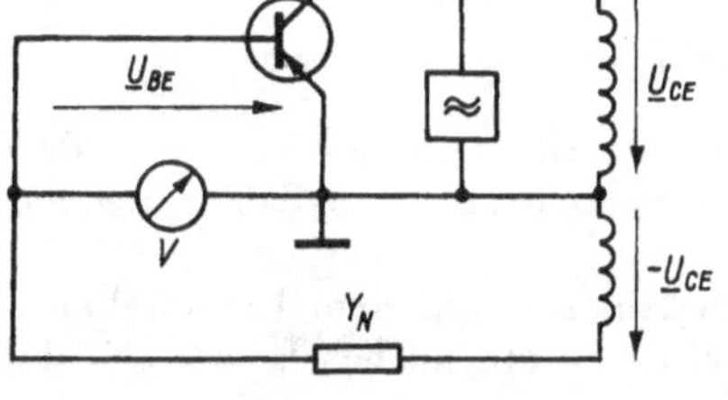

Abb. 52. Prinzipschaltung zur Bestimmung von y_{re}

über die Rücksteilheit fließenden, aber um 180° phasenverschobenen Strom ist. Dabei wird die Basisspannung $\underline{U}_{BE} = 0$. Die Realisierung des komplexen Leitwertes beim praktischen Aufbau einer solchen Meßschaltung wird durch die Parallelschaltung eines ohmschen Widerstandes, der regelbar ausgelegt

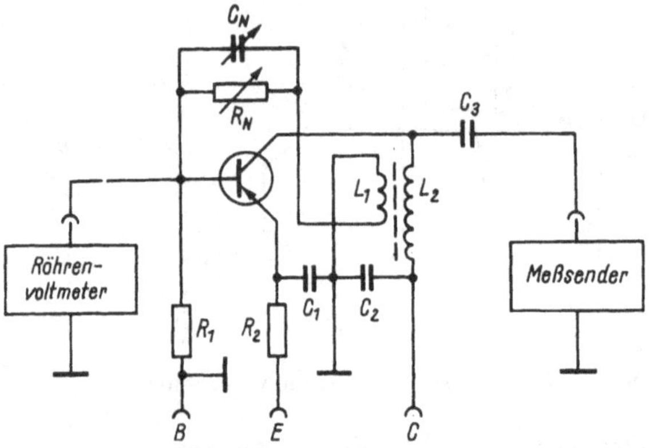

Abb. 53. Meßschaltung zur Bestimmung von y_{re}

sein muß, mit einem Drehkondensator ermöglicht. Das Übersetzungsverhältnis des Brückenübertragers soll so ausgelegt sein, daß die Verwendung eines üblichen Drehkondensators möglich wird. Die praktische Ausführung einer solchen Meßschaltung zeigt Abb. 53. Das Übersetzungsverhältnis des Übertragers beträgt 1:5, so daß mit dieser Meßanordnung Rückwirkungskapazitäten bis zu 5 pF und Rückwirkungswiderstände bis zu 100 kΩ gemessen werden können. Die Eichung der Skalen für C_N und R_N erfolgt im Vergleich mit bekannten Festwerten. Für alle Übertrager sollten Ringkerne eingesetzt werden. Die beschriebenen Messungen lassen sich bei Meßfrequenzen bis zu 30 MHz durchführen.

Die Daten der Bauelemente von Abb. 53 sind [7—9]:

$R_1 = 1\,\text{k}\Omega$, $R_2 = 1\,\text{k}\Omega$, $R_N = 20\,\text{k}\Omega$, $C_1 = C_2 = 0{,}1\,\mu\text{F}$, $C_3 = 40\,\text{nF}$, $C_N = 25\,\text{pF}$.

2.6.2. *Messen der Größen des Ersatzschaltbildes*

Die Abhängigkeit der Transistorkenngrößen von der Betriebsfrequenz muß bei der Berechnung von transistorisierten Schaltungen berücksichtigt werden.

Diese Frequenzabhängigkeit läßt sich aus dem Ersatzschaltbild des Transistors bequem ableiten. Dabei ist an ein solches Ersatzschaltbild die Forderung zu stellen, daß sich die Frequenzabhängigkeit des Transistors über einen großen Frequenzbereich gut darstellt. Das Ersatzschaltbild soll nur aus frequenzunabhängigen Elementen bestehen.

Das einfache Ersatzschaltbild eines Transistors in Basisschaltung zeigt Abb. 54. Die Darstellung enthält den inneren ohmschen Widerstand zwischen Basisanschluß und wirksamer Basisschicht $r_{bb'}$. Die beiden *RC*-Glieder müssen als Ersatz für die mit inneren Trägheiten behafteten Emitter- und

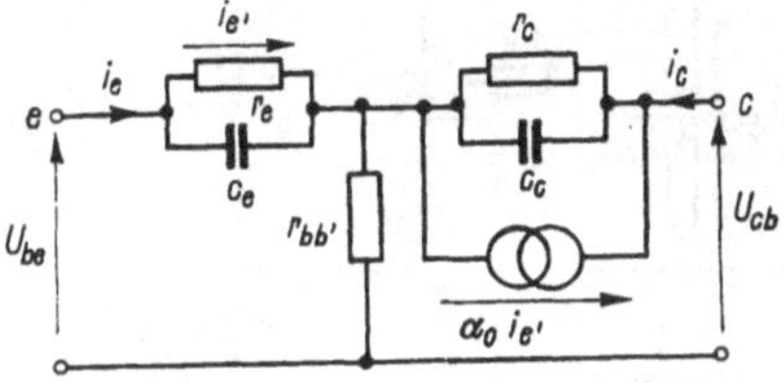

Abb. 54. T-Ersatzschaltbild eines Transistors

Kollektordioden angesehen werden. Der vom Arbeitspunkt abhängige differentielle Widerstand der Emitterdiode ist im Schaltbild mit r_e gekennzeichnet. Die Summe aus Emitter-Sperrschicht- und -Diffusionskapazität wird mit C_e gekennzeichnet. Das gleiche gilt für die Kollektordiode mit der Kennzeichnung C_c. Bei Legierungstransistoren können meist die Größen der Emittersperrschichtkapazität, der Kollektor-Diffusionskapazität und des Kollektorwiderstandes vernachlässigt werden. Der durch den Kollektor fließende Teil des Emitterstromes wird vom Stromgenerator $\alpha_0 i_e$ dargestellt. Die Kurzschluß-Stromverstärkung α wird bei niedrigen Frequenzen $\alpha_0 \approx 1$, und mit ansteigender Frequenz nimmt α ab. Die Grenzfrequenz in Basisschaltung ist gegeben durch:

$$f_\alpha = \frac{K}{2 r_e C_e}.$$

Hierin gilt $K = 1{,}22$ für Transistoren ohne Driftfeld. Dabei ist α auf $1/\sqrt{2}$ abgefallen.

Eine bessere Beschreibung der Frequenzabhängigkeit und die Berücksichtigung der inneren Rückwirkung, insbesondere die Berücksichtigung der speziellen Verhältnisse diffusionslegierter Transistoren, gestattet die Erweiterung des Ersatzschaltbildes entsprechend der Darstellung in Abb. 55. Entsprechend dem Aufbau diffusionslegierter Transistoren ist hier der Basis-Bahnwiderstand $r_{bb'}$ aufgeteilt. Vom Spannungsgenerator $\mu u_{c'b'}$ wird der „EARLY-Effekt“ berücksichtigt.

Das vereinfachte Ersatzschaltbild nach GIACOLETTO reicht für Frequenzen bis zu $f = f_\alpha/2$ und ist in Abb. 56 dargestellt. Dieses Ersatzschaltbild gilt für die Emitterschaltung.

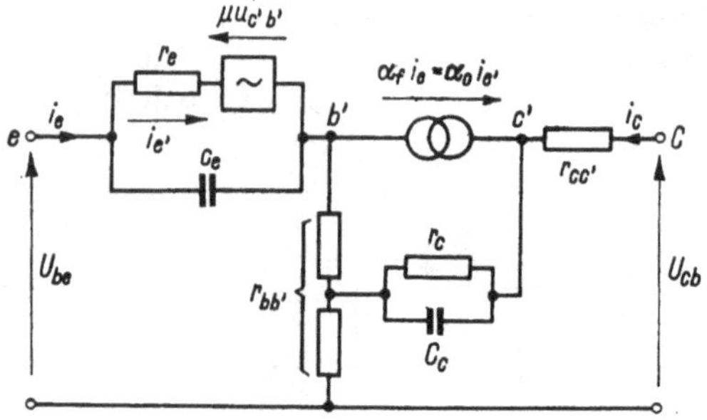

Abb. 55. Erweitertes Ersatzschaltbild

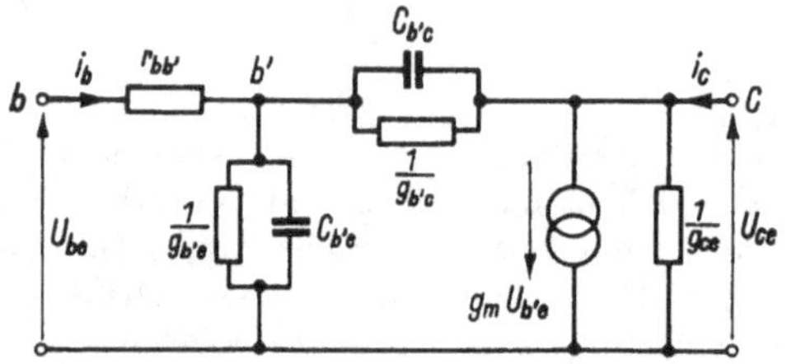

Abb. 56. Ersatzschaltbild nach GIACOLETTO für eine Emitterschaltung

2.6.2.1. Messen des Basis-Bahnwiderstandes $r_{bb'}$

Durch Messen des Eingangs-Kurzschlußwiderstandes h_{11e} bei einer sehr hohen Frequenz, so daß C_{be} eine vernachlässigbar kleine Rolle spielt, läßt sich $r_{bb'}$ bestimmen. Zu diesem Zweck muß zuerst für den zu messenden

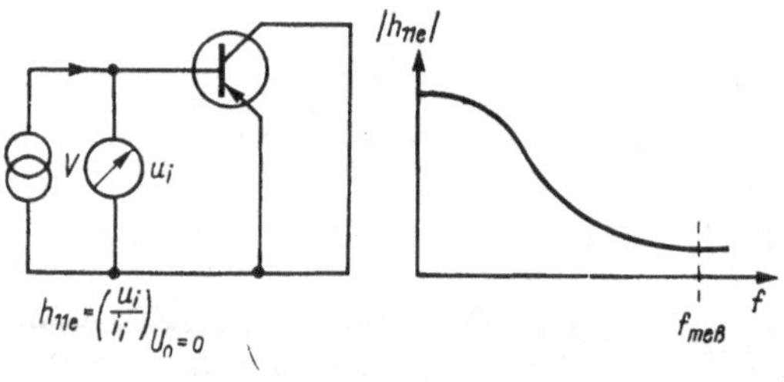

Abb. 57. Messung und Frequenzverhalten von h_{11e}

Transistor die Abhängigkeit $|h_{11e}| = g(f)$ aufgenommen werden. Dann wird je nach Typ die notwendige Meßfrequenz festgelegt. Abb. 57 zeigt das Meßprinzip und das Meßverhalten, d. h. das Frequenzverhalten des Transistors. Eine weitere Möglichkeit ergibt sich über die Messung der Rückwirkungsimpedanz z_{12b} in der Basisschaltung. Bei dieser Messung wird wiederum eine so hohe Frequenz gewählt, daß der „EARLY-Effekt“ die Messung nicht verfälscht ($f > 100$ kHz).

Das Meßprinzip und den Kurvenverlauf zeigt Abb. 58.

Wie der praktische Meßaufbau aussieht, zeigt Abb. 59. Befindet sich der Zweiebenenschalter in Stellung *1*, so wird durch entsprechende Wahl der

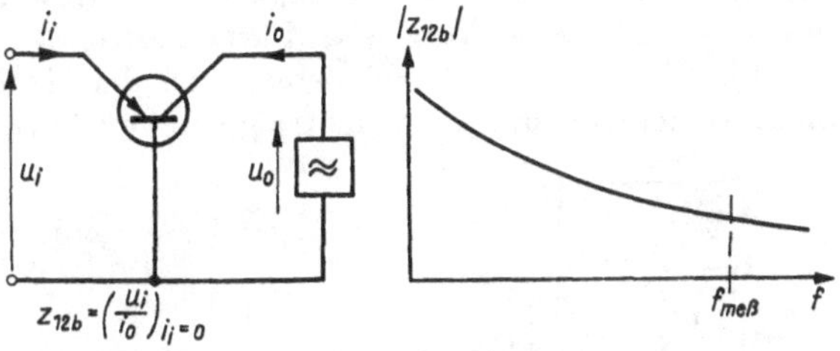

Abb. 58. Messung und Frequenzverhalten von z_{12b}

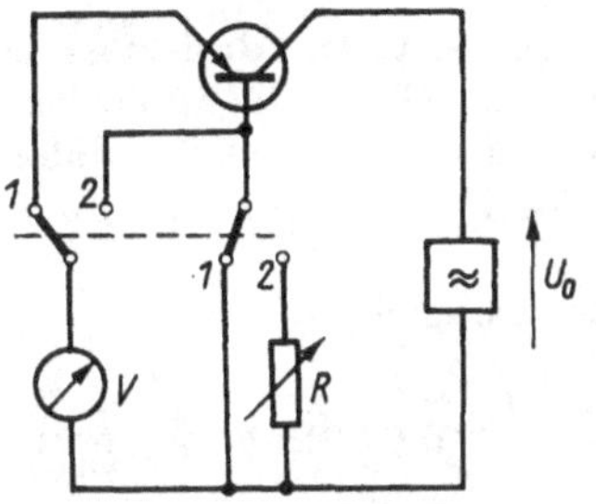

Abb. 59. Meßschaltung zur Bestimmung von $r_{bb'}$

HF-Spannung U_0 das Röhrenvoltmeter V auf einen bestimmten Wert eingestellt. Danach wird der Schalter in Stellung *2* gebracht und bei gleichbleibender Spannung U_0 das Potentiometer R so verstellt, daß das Röhrenvoltmeter wieder den gleichen Ausschlag anzeigt wie in der Schalterstellung *1*. Der Widerstandswert von R entspricht dann $r_{bb'}$. Die Meßfrequenz soll etwa 500 kHz bei einer Meßspannung von 2 V betragen.

2.6.2.2. *Bestimmung der Leitwerte* $g_{b'e}$, $g_{b'c}$, g_m und g_{ce}

Mit einer so niedrigen Frequenz, daß $\omega C_{b'c}$ gegen $g_{b'e}$ vernachlässigt werden kann, werden die Vierpolparameter h_{11e} und h_{21e} gemessen. Bei gleichfalls sehr niedriger Frequenz werden die Vierpolparameter h_{12e} und h_{22e} gemessen, so daß auch hier ωC_{bc} gegenüber $g_{b'c}$ vernachlässigt werden kann. Danach errechnen sich die Leitwerte des Ersatzschaltbildes nach

$$g_{b'e} = \frac{1}{h_{11e} - r_{b'b}}, \qquad g_{b'c} = \frac{h_{12e}}{h_{11e} - r_{b'b}},$$

$$g_m = \frac{h_{21e}}{h_{11e} - r_{b'b}}, \qquad g_{ce} = h_{22e} - h_{12e} \frac{h_{21e} + 1}{h_{11e} - r_{b'b}}.$$

2.6.2.3. *Messen der Kapazität $C_{b'c}$*

Bei offenem Emitter kann $C_{b'c}$ durch einfache Kapazitätsmessung mit niedriger Frequenz zwischen Kollektor und Basis bestimmt werden. Das Meßprinzip zeigt Abb. 60. Bei offenem Emitter wird der Kollektor durch einen niederohmigen Generator mit einer Meßfrequenz von etwa 500 kHz bei

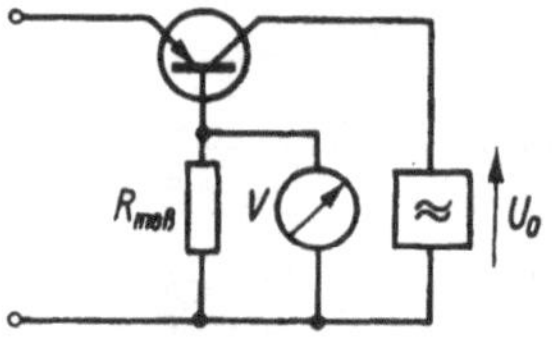

Abb. 60. Meßschaltung zur Bestimmung von $C_{b'b}$

einer Meßspannung von etwa 0,5 V gespeist. Im Basiskreis liegt der Meßwiderstand $R_{meß}$ (niederohmig), der vom HF-Strom durchflossen wird. Die Größe des HF-Stromes ist lediglich von der Kapazität $C_{b'c}$ abhängig. Proportional zum HF-Strom fällt an $R_{meß}$ eine HF-Spannung ab, die vom HF-Röhrenvoltmeter angezeigt wird.

Bei dieser Messung müssen die Bedingungen

$$g_{b'c} \ll \omega C_{b'c}, \qquad r_{bb'} \ll \frac{1}{\omega C_{b'c}}, \qquad R_{meß} \ll \frac{1}{\omega C_{b'c}}$$

erfüllt sein. Dementsprechend ist die Meßfrequenz zu wählen.

2.6.2.4. *Messen der Kapazität $C_{b'e}$*

Zur Bestimmung der Kapazität $C_{b'e}$ kann die in Abb. 61 gezeigte Meßschaltung benutzt werden. Es handelt sich hier um eine Brückenschaltung

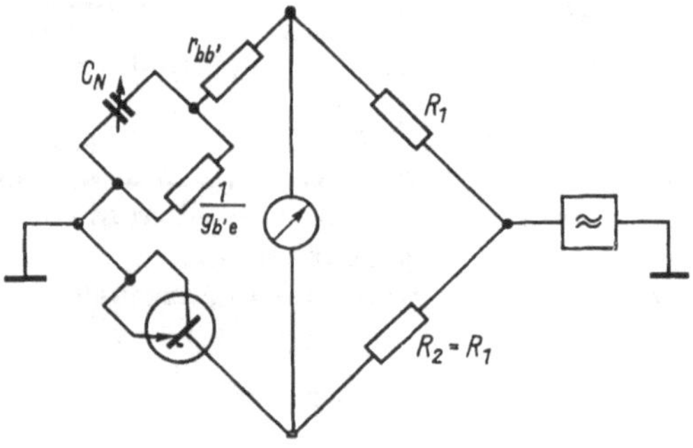

Abb. 61. Meßschaltung zur Bestimmung von $C_{b'e}$

mit der Nachbildung des Eingangskreises. Die vorher bestimmten Werte von $r_{b'b}$ und $g_{b'e}$ werden vor der Messung eingestellt. Nach dem Brükkenabgleich entspricht der Wert von C_N der Kapazität $C_{b'e}$.

2.6.3. *Grenzfrequenzmessung*

Die Definition der Grenzfrequenz eines Transistors in Basisschaltung lautet: Als Grenzfrequenz f_α eines Transistors bezeichnet man die Frequenz, bei der der Betrag der Kurzschlußstromverstärkung α auf das $1/\sqrt{2}$-fache

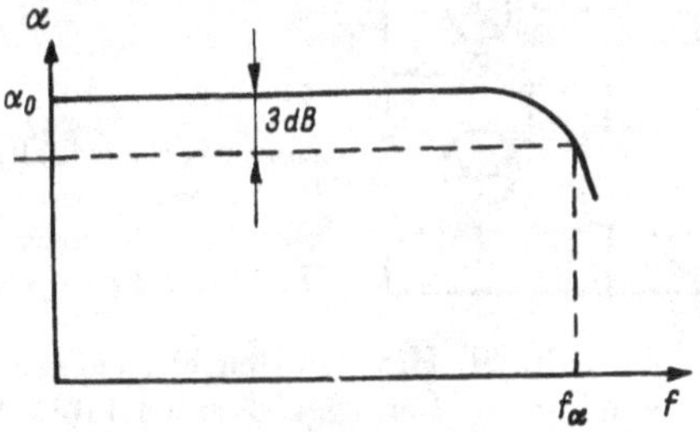

Abb. 62. Frequenzverhalten von $\alpha = h_{21}$

des Wertes bei niedrigen Frequenzen (α_0) abgefallen ist. Dabei gilt α = Kurzschlußstromverstärkung in Basisschaltung und β = Kurzschlußstromverstärkung in Emitterschaltung. Um das Hochfrequenzverhalten eines Transistors beurteilen zu können, ist das Bestimmen der Grenzfrequenz unerläßlich. Abb. 62 zeigt das Frequenzverhalten von α. Die bei ansteigender Frequenz abfallende Stromverstärkung ist auf die Kapazität C_e in erster Linie zurückzuführen. Für die Basisschaltung gilt:

$$f_\alpha = \frac{K}{2\pi r_e C_e}, \qquad |\alpha|\,(f = f_\alpha) = \frac{1}{\sqrt{2}}\,\alpha_0.$$

Das Meßprinzip zeigt Abb. 63. In den Emitterkreis des Prüflings wird der Meßstrom eingespeist und am Meßwiderstand R_2 (niederohmig) ein Spannungsabfall gemessen. Dabei ist $f \ll f_\alpha$.

Abb. 63. Meßprinzip zur Bestimmung von f_α

Es müssen jedoch die Bedingungen

$$R_1 \gg \frac{1}{y_{11b}}, \qquad R_2 \ll |z_{22b}|$$

erfüllt sein. Die Frequenz ist dann so weit zu erhöhen, daß am Röhrenvoltmeter V ein Spannungsabfall von 3 dB abgelesen werden kann. Der verwendete Generator muß eine frequenzunabhängige Ausgangsspannung liefern. Das Röhrenvoltmeter muß ebenfalls frequenzunabhängig arbeiten.

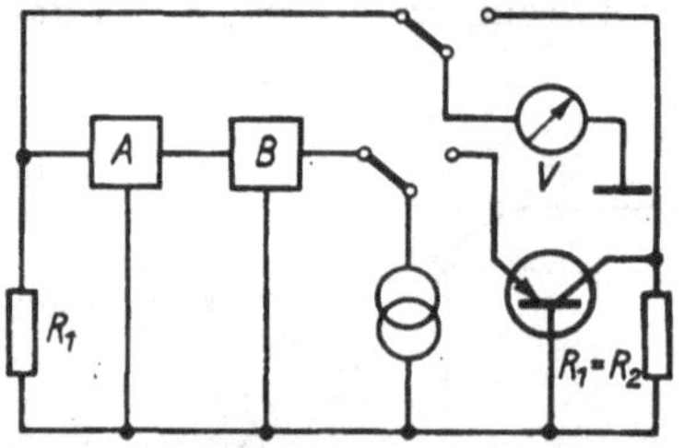

Abb. 64. Meßschaltung zur Bestimmung von f_α (A = variabler Abschwächer, B = 3-dB-Abschwächer)

Ein anderes Meßprinzip zeigt Abb. 64. Hier werden ein variabler Abschwächer (A) und ein 3-dB-Abschwächer (B) benötigt. Der variable Abschwächer wird bei einer niedrigen Frequenz $f \ll f_\alpha$ so eingestellt, daß in beiden Kreisen gleiche Ströme fließen. Dabei ist der 3-dB-Abschwächer abgeschaltet. Anschließend wird der 3-dB-Abschwächer eingeschaltet und f so weit erhöht, bis wieder in beiden Kreisen gleichgroße Ströme fließen. f_α kann nun abgelesen werden.

Eine weitere, das Hochfrequenzverhalten eines Transistors kennzeichnende Größe ist die Frequenz f_1, bei der der Realteil der Kurzschlußstromverstärkung in Basisschaltung auf die Hälfte des Wertes bei niedrigen Frequenzen abgefallen ist. Es gilt

$$\frac{R_e(\alpha)}{\alpha_0} = \frac{1}{2}.$$

Der Wert von f_1 kann praktisch mit ausreichender Genauigkeit gleich dem Wert von f_m gesetzt werden, bei der der Betrag der Kurzschlußstromverstärkung β in Emitterschaltung auf 1 abgesunken ist:

$$|\beta| = 1 \qquad \text{für} \qquad f = f_1.$$

Zwischen f_α und f_1 bestehen folgende Zusammenhänge:

$$f_1 = \frac{f_\alpha}{K} \qquad (K = 1 + \varphi),$$

$$f_1 = \frac{1}{2\pi r_e C_e}.$$

Für Transistoren ohne Driftfeld gilt $K = 1{,}22$.

In Abb. 65 ist das Meßprinzip zur Bestimmung von f_1 dargestellt. Man geht bei der Messung so vor, daß man die Generatorfrequenz so lange variiert, bis $|u_1| = |u_2|$ und somit $|i_b| = |i_c|$ ist. Dabei wird $|\beta| = 1$. Es muß allerdings $R_1 \ll 1/|y_{22e}|$ vorausgesetzt werden. Die Messung läßt sich dahin-

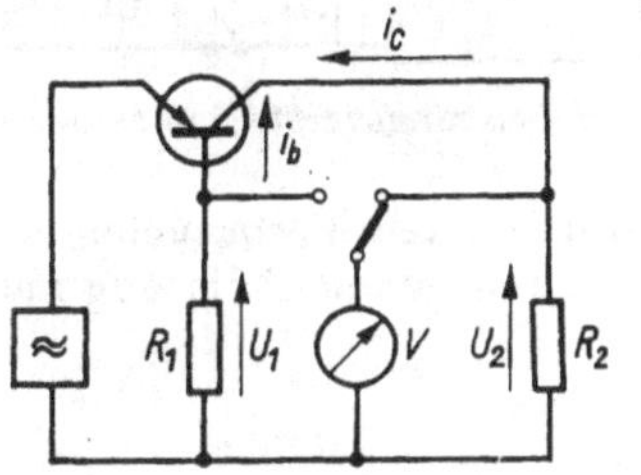

Abb. 65. Prinzip zur Messung von f_1

gehend vereinfachen, daß man die Kurzschlußstromverstärkung über der Frequenz graphisch aufträgt. Man erhält dann für die verschiedenen Transistoren Kurven, wie sie in Abb. 66 dargestellt sind.

Bei dem in Abb. 67 gezeigtem Meßprinzip geht man davon aus, daß bei konstantem Basisstrom der Kollektorstrom i_c der Frequenz f_1 proportional ist, wobei $R_1 \gg 1/|y_{11e}|$ und wiederum $R_2 \ll |z_{22e}|$ ist. Das Röhren-

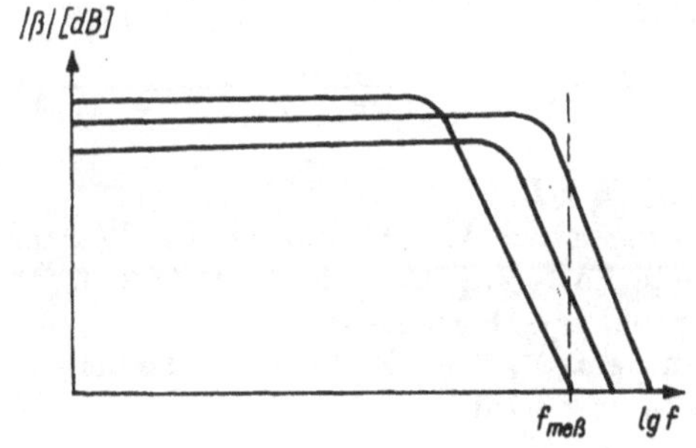

Abb. 66. Verlauf von $\overline{\beta}$ als Funktion der Frequenz

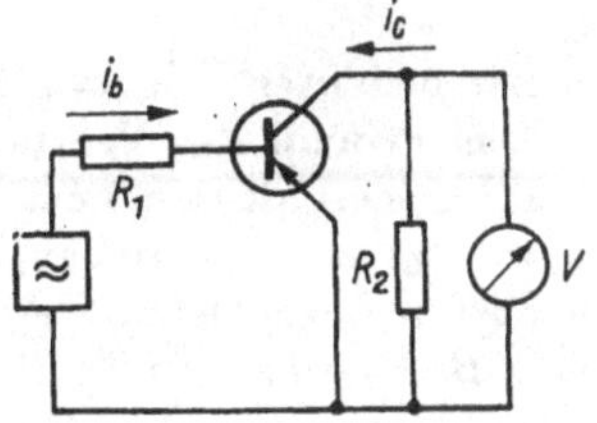

Abb. 67. Messung von f_1 mit Festfrequenz

voltmeter V ist direkt in f_1-Werten geeicht. Bei der Messung ist die Meßfrequenz so zu wählen, daß die zu erwartende Frequenzstreuung beim zu messenden Transistor im geraden Teil des $|\beta|$-Abfalls liegt.

2.6.4. *Verstärkungsmessung*

Bei bekannter Leerlaufspannung U_g eines Generators mit dem Generatorwiderstand R_g ergibt sich die verfügbare Leistung dieses Generators zu

$$N_{g\,max} = \frac{U_g^2}{4 R_g}.$$

Abb. 68. Prinzipschaltung zur Leistungsverstärkungsmessung

Schließt man an einen solchen Generator einen Verbraucher mit dem Lastwiderstand R_L an, so errechnet sich die abgegebene Leistung nach

$$N_L = \frac{U_L^2}{R_L}.$$

Bezieht man die maximal verfügbare Leistung eines Generators auf die Leistungsverstärkung, so gilt

$$v_N = \frac{N_L}{N_{g\,max}} = \frac{U_L^2}{U_g^2} \frac{4 R_g}{R_L}.$$

Gemäß der Vierpoltheorie wird die Leistungsverstärkung durch die Vierpolparameter ausgedrückt:

$$v_N = 4 G_g G_L \left| \frac{U_L}{i_g} \right|^2 = 4 G_g G_L \frac{|y_{21}|^2}{|(Y_g + y_{11})(Y_L + y_{22}) - y_{12} y_{21}|^2};$$

hierin bedeuten $G_g = 1/R_G$ und $G_L = 1/R_L$.

Das Prinzip der Verstärkungsmessung ist in Abb. 68 dargestellt. Werden bei kurzgeschlossenenem Eingang oder Ausgang die Blindanteile von Y_g und Y_L so abgeglichen, daß die Eingangs- bzw. Ausgangsadmittanz des größeren Vierpols mit eingeschlossenenem Y_g und Y_L reell erscheinen, so ist $B_g = -b_{11}$ und $B_L = -b_{22}$. Somit wird

$$v_N = 4 G_g G_L \frac{|y_{21}|^2}{|(G_g + g_{11})(G_L + g_{22}) - y_{12} y_{21}|^2}.$$

Für die Spannungsmischverstärkung gilt

$$v_{cu} = |S_c| R_{ges}$$

mit $|S_c|$ = Betrag der Mischsteilheit, R_{ges} = Parallelschaltung von Ausgangswiderstand des Transistors und Lastwiderstand. Da R_{ges} aus einem abgestimmtem Kreis besteht, gilt

$$R_{ges} = \frac{1}{2\pi CB}$$

(B = Bandbreite, C = Kreiskapazität),

$$v_{cu} = \frac{S_c}{2\pi CB}$$

und für die Leistungsverstärkung

$$v_{eN} = v_{cu}^2 \frac{R_g}{R_L}.$$

Die in Abb. 68 gezeigte Meßanordnung kann sowohl zur Geradeaus- wie auch zur Mischverstärkungsmessung herangezogen werden. Die Blindwiderstände L_{k1} und L_{k2} mit C_{k1} bzw. C_{k2} machen den Eingang bzw. den Ausgang reell. Soll die Leerlaufspannung U_g gemessen werden, so ist das Meßobjekt abzutrennen und der Kreis L_{k1}/C_{k1} auf Resonanz abzustimmen. Die reellen Komponenten der Kreise sollen groß gegen R_g bzw. R_L sein. Ist dies

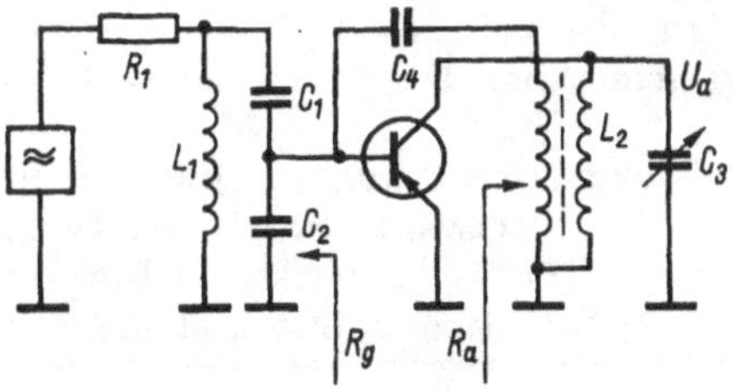

Abb. 69. Prinzipschaltung zur Leistungsverstärkungsmessung im Frequenzbereich von 0,5 bis 10 MHz

nicht der Fall, so sind sie als Parallelschaltungen zu R_g bzw. R_L zu berücksichtigen.

Eine praktische Meßschaltung zum Bestimmen der Leistungsverstärkung von Transistoren im Frequenzbereich von 500 kHz bis zu 10 MHz zeigt Abb. 69. Die Messung erfolgt hier in Emitterschaltung. Der eingangsseitige Schwingkreis ist zwischen den Kapazitäten C_1 und C_2 angezapft, wodurch eine Bedämpfung und unterschiedliche Verstimmung des Kreises durch den Transistoreingang vermieden wird. Die Eingangskapazität des Prüflings ist bei der Schaltung berücksichtigt. Trotz der eingangsseitigen Fehlanpassung wird so ausgewertet, als ob der Generator seine maximal verfügbare Leistung an den Transistor abgeben würde. Es wird der Übertragungsgewinn gemessen:

$$v_t = \frac{4 R_g}{R_a} \frac{U_a^2}{U_g^2}$$

(U_g = Leerlaufspannung). Die Leerlaufspannung wird bei gezogenem Prüfling gemessen. Danach ist der Prüfling in die Meßschaltung einzufügen, das Röhrenvoltmeter an den Ausgangsschwingkreis anzuschließen und die

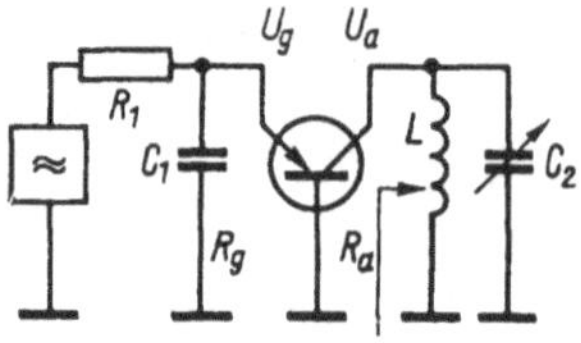

Abb. 70. Prinzipschaltung zur Leistungsverstärkungsmessung im Frequenzbereich bis 100 MHz

Ausgangsspannung U_a zu messen. Für die Leistungsverstärkung gilt

$$v_t[\text{dB}] = 10 \lg v_t$$

und schließlich

$$U_a = \frac{U_g}{2} \sqrt{\frac{R_a}{R_g}} \cdot 10^{vt/20}$$

Im höchsten Frequenzbereich, also bei etwa 10 MHz, macht sich die Rückwirkkapazität des Prüflings bemerkbar. Die Schaltung ist deshalb zu neutralisieren.

Zur Bestimmung der Leistungsverstärkung bei Frequenzen bis zu etwa 100 MHz eignet sich die in Abb. 70 gezeigte Schaltung. Der Prüfling wird hier in Basisschaltung gemessen. Die Induktivität des Eingangskreises wird bei dieser Schaltung durch die Schaltung selbst und die Induktivität des Transistors gebildet [10,11].

2.6.5. *Rauschzahlmessung*

Bei Frequenzen über 100 kHz werden zweckmäßigerweise Rauschdioden für Vergleichsmessungen eingesetzt. Abb. 71 zeigt die Meßanordnung. Der Generatorwiderstand wird durch Abstimmung des Eingangskreises y_c auf die Meßfrequenz reell gemacht. Bei der Dimensionierung der Schaltung muß beachtet werden, daß der Resonanzleitwert des Kreises wesentlich kleiner als G_g wird. Bei abgeschaltetem Meßsender ist die Verstärkung so einzustellen, daß das Eigenrauschen des Prüflings einen genügenden Instrumentenausschlag erzeugt. Das Instrument sollte eine quadratische Charakteristik aufweisen, damit die Anzeige proportional zur Rauschleistung erfolgt. Die Rauschdiode verdoppelt die ausgangsseitige Rauschleistung. Bei quadra-

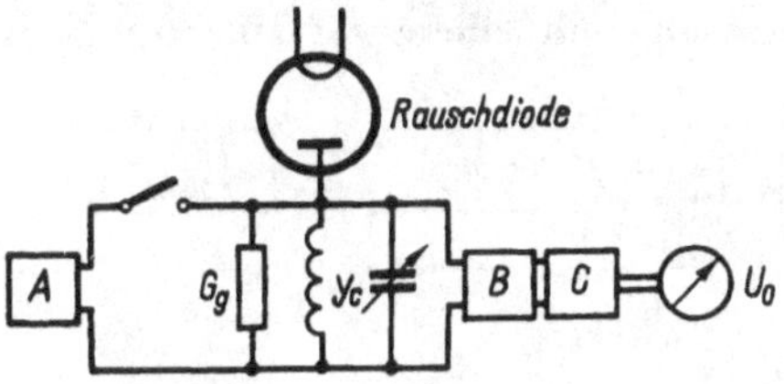

Abb. 71. Prinzipschaltung zur Rauschmessung (A = Meßsender, B = Meßobjekt, C = selektiver Verstärker)

tischer Anzeige wird der Wert $2x$ und bei spannungsproportionaler Anzeige der Wert $\sqrt{2}x$ eingestellt. Von der Rauschdiode wird dann der Rauschstrom

$$i_d^2 = i_{tot}^2 = 2eI_D\,\Delta f$$

geliefert. Die Rauschzahl ergibt sich zu

$$F = \frac{2eI_D\,\Delta f}{4kT_0G_g\,\Delta f} = 20\,I_D R_g.$$

Hierin bedeuten:

I_D = Gleichstrom der Rauschdiode (in A),

R_g = reeller Arbeitswiderstand der Rauschdiode (in Ω).

Die Rauschzahl ist also vom Diodengleichstrom abhängig, nicht aber von der Verstärkung oder der Bandbreite. Um die Nichtlinearitäten des Meßinstrumentes zu unterdrücken, wird nach der Einstellung von x zwischen Prüfling und Verstärker ein 3-dB-Dämpfungsglied eingefügt und mit der Rauschdiode auf den ursprünglichen Wert von x erhöht.

Da das Mischrauschen in manchen Schaltungen wesentlich stärker auftritt als das Geradeausrauschen, liefert es den größten Anteil am Gesamtrauschen.

Für die Kettenschaltung rauschender Vierpole gilt:

$$F_{ges} = F_v + \frac{F_e}{v_L}$$

Es bedeuten:

F_e = Rauschen der Mischstufe,

F_v = Rauschen der Vorstufe,

v_L = wiksame Vorstufenverstärkung.

2.6.6. *Messungen mit Hilfe des Z-g-Diagraphen*

Mit Hilfe eines *Z-g*-Diagraphen lassen sich sowohl Zweipolmessungen zur Bestimmung von Impedanzen und Admittanzen wie auch Vierpolmessungen zur Bestimmung von Übertragungsmaßen nach Betrag und Phase durchführen. Das Prinzip der Messung mit einem *Z-g*-Diagraphen ist in Abb. 72

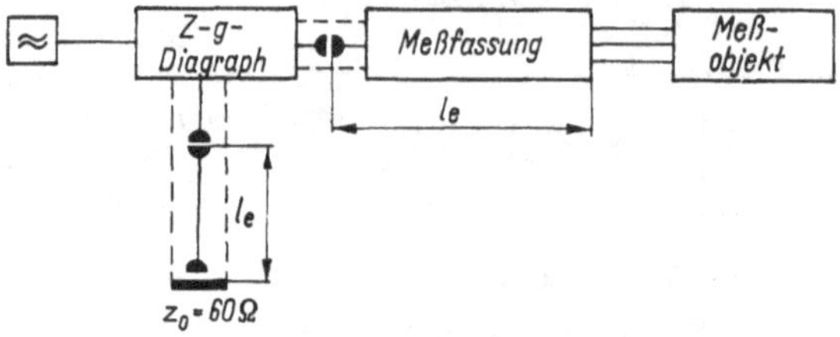

Abb. 72. Meßanordnung zum Messen von y_{11}

dargestellt. Wie aus dem Bild zu erkennen ist, besitzt der *Z-g*-Diagraph zwei koaxiale Meßeingänge. Während der eine Eingang zum Anschluß des Meßobjektes dient, wird am anderen Eingang eine Hilfsleitung angeschlossen. Vom *Z-g*-Diagraphen werden die unterschiedlichen Reflexionsverhältnisse verglichen und getrennt nach Betrag und Phase angezeigt.

2.6.6.1. *Messen des Kurzschlußeingangsleitwertes y_{11}*

Bei der Messung von y_{11} wird der *Z-g*-Diagraph als Admittanzmeßgerät benutzt. Die Anschaltung des Prüflings ist in Abb. 73 zu sehen. Bei der Messung selbst ist folgendes zu beachten: Die Meßspannung, die der *Z-g*-Diagraph an den Prüfling liefert und von der ein Teil entsprechend dem Reflexions-

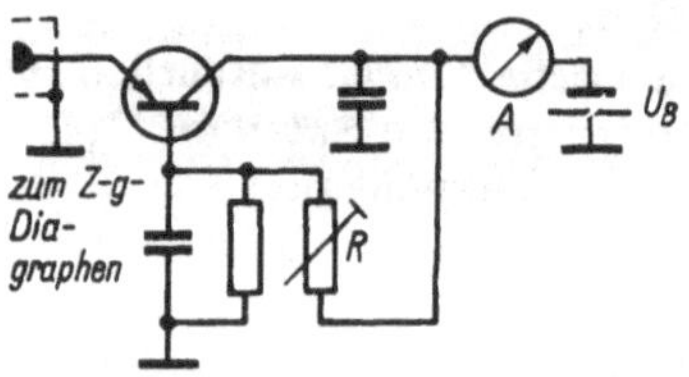

Abb. 73. Schaltung des Transistors zum Messen von y_{11}

faktor des Prüflings reflektiert wird, muß in seiner Amplitude noch so klein ein, daß die Eingangskennlinie des Prüflings noch als linear angesehen werden kann. Sie beträgt im Anpassungsfall beim *Z-g*-Diagraphen etwa 20 mV. Da diese Spannung als Eingangsspannung für den Prüfling, zum Zwecke der Vierpolparameterbestimmung, noch zu hoch ist, muß sie noch abgeschwächt werden, so daß sie etwa maximal 7 mV beträgt. Da sich der gemessene Leitwert auf das Ende des Meßobjektanschlusses bezieht, müssen die elektrischen Eigenschaften der Fassung zur Transistoraufnahme berücksichtigt werden. Zu diesem Zwecke wird der Kurzschluß der Hilfsleitung verändert und somit dieser Wert kompensiert. Voraussetzung zur erfolgreichen Kompensation ist allerdings, daß die Transistorfassung, als Vierpol betrachtet, einen Wellenwiderstand von 60 Ω aufweist. Ist dies nicht der Fall, so ist der Wellenwiderstand der Transistorfassung durch Zuschaltung von Blindkomponenten zu korrigieren.

2.6.6.2. Messen des Übertragungsleitwertes y_{21}

Der *Z-g*-Diagraph bietet die Möglichkeit, den Phasenwinkel zweier gleichfrequenter Spannungen zu bestimmen. Die beiden Spannungen werden bei der Messung gleichzeitig der Meß- und Hilfsleitung zugeführt. Außerdem erhält man auf Grund der relativ geeichten Instrumente eine Aussage über das Amplitudenverhältnis beider Spannungen, wobei das Reflexionsdiagramm zu benutzen ist. Die Messung des Übertragungsleitwertes y_{21} läßt sich leicht aus der Messung zweier Spannungen ermitteln. Dabei ist folgendes zu beachten:

Für y_{21} gilt:

$$y_{21} = \frac{i_2}{u_1} = 0 = \frac{|i_2|}{|u_1|} e^{j(\varphi_2 - \varphi_1)} \quad \text{bei } u_2 = 0 .$$

Wird in den Kollektorkreis des Prüflings ein Meßwiderstand $R_{\text{meß}}$ eingefügt, der sehr klein gegenüber dem Innenwiderstand des Prüflings ist, so fließt durch $R_{\text{meß}}$ der Kurzschlußstrom i_2. Der Kurzschlußstrom i_2 verursacht am Meßwiderstand $R_{\text{meß}}$ einen Spannungsabfall, der $u_2 = i_2 R_{\text{meß}}$ groß ist. Daraus folgt

$$y_{21} = -\frac{u_2}{u_1 R_{\text{meß}}} = -\frac{|u_2|}{|u_1|} e^{j\varphi} \frac{1}{R_{\text{meß}}}$$

oder

$$y_{21} = \frac{|u_2|}{|u_1|} e^{j(180^\circ - \varphi)} \frac{1}{R_{\text{meß}}} .$$

Wegen der Zählrichtung für $f \to 0$ wird die Steilheit von y_{21} in der Basisschaltung negativ reell. Das bedeutet, daß der Phasenwinkel $\varphi_{21\text{b}}$ sich nach -180° dreht. In Emitterschaltung wird y_{21} für $f \to 0$ einen positiven Wert annehmen. Abb. 74 zeigt das Prinzip der Meßschaltung und Abb. 75 die Anschaltung des Prüflings. Es ist zu beachten, daß die Spannung u_1 unabhängig vom Transistoreingangswiderstand sein muß. Um dies zu erreichen, ist der Generatorwiderstand Z sehr klein gegen $1/y_{11}$ zu wählen. Diese Bedingung kann durch das Einfügen eines unsymmetrischen Dämpfungsgliedes zwischen Generator und Transistorfassung erreicht werden. Dabei muß allerdings der

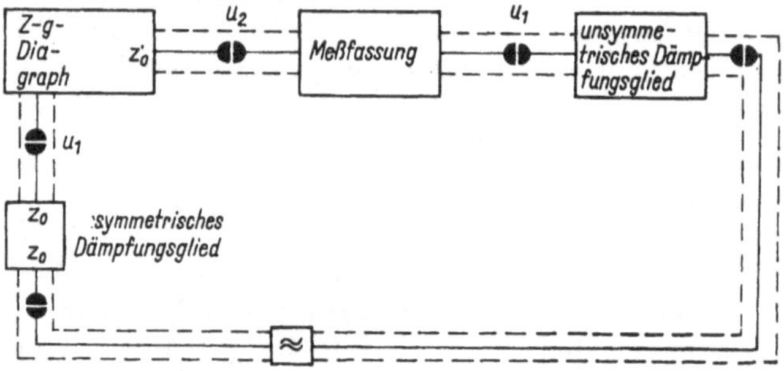

Abb. 74. Meßanordnung zur Messung von y_{21}

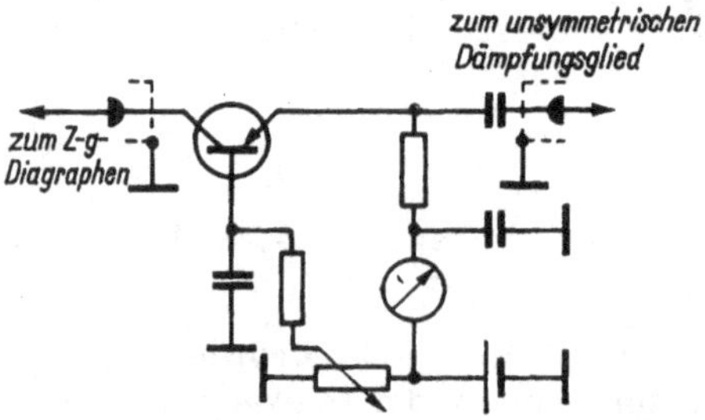

Abb. 75. Schaltung des Transistors zum Messen von y_{21}

Ausgangswiderstand des Dämpfungsgliedes Z_1 den genannten Bedingungen entsprechen. Ein ebenfalls unsymmetrisches Dämpfungsglied ist natürlich auch in der Leitung zwischen Generator und Hilfsleitung vorzusehen.

2.6.6.3. *Messung des Übertragungsleitwertes* y_{12}

Im Prinzip unterscheidet sich die Messung des Übertragungsleitwertes nur sehr wenig von der Messung des Übertragungsleitwertes y_{21}. Es müssen jedoch hier Eingang und Ausgang des Prüflings vertauscht werden. Die Abbildungen 76 und 77 zeigen den prinzipiellen Meßaufbau und die Anschaltung des Prüflings. Bei dieser Messung muß der Meßwiderstand $R_{\text{meß}}$ sehr klein gegenüber dem Eingangswiderstand des Transistors gewählt werden. Da der komplexe Leitwert $y_{12} \ll y_{21}$ ist, wird i_2 und somit der Spannungsabfall an $R_{\text{meß}}$ so klein, daß die Empfindlichkeit des Diagraphen nicht mehr ausreicht. Da jedoch die Ausgangskennlinie eines Transistors in einem wesentlich größeren Teil linear verläuft als die Eingangskennlinie, kann bei dieser Messung mit einer größeren Wechselspannung am Transistorausgang gearbeitet werden. Eine entsprechende Zusatzdämpfung muß dann in die Zu- und Hilfsleitung einge-

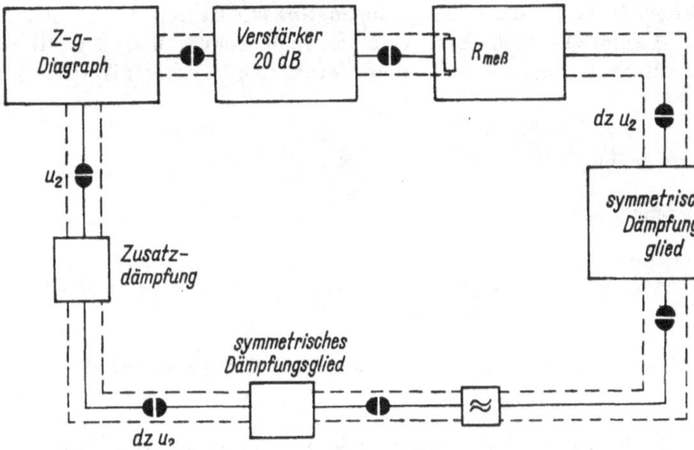

Abb. 76. Prinzipschaltbild zum Messen von y_{12}

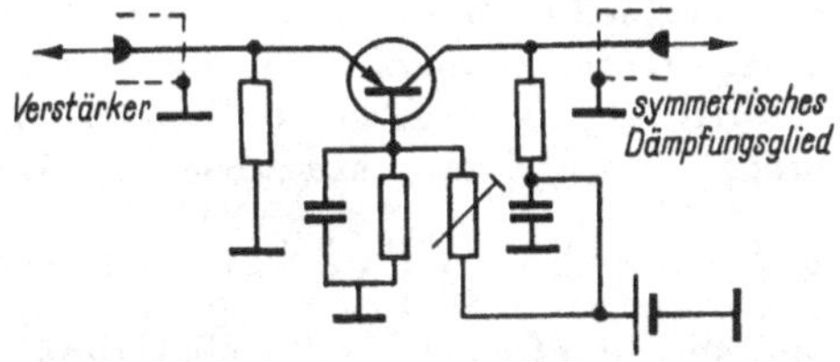

Abb. 77. Schaltung des Transistors zum Messen von y_{12}

fügt werden. Um mit dem Diagraphen eine brauchbare Anzeige zu erhalten, muß der Meßwert um etwa 20 dB verstärkt werden.

Der *Z-g*-Diagraph ist so ausgelegt, daß sich mit seiner Hilfe Zweipolmessungen im Bereich von 1,6 bis 166 mS durchführen lassen. Die Leitwerte der meisten HF-Transistoren liegen jedoch bei oder unter 1 mS, so daß die Verwendung des *Z-g*-Diagraphen für die Messung der Ausgangsleitwerte nicht möglich ist.

2.6.7. Messen der Kreuzmodulation

Als Folge der nichtlinearen Kennlinien kann bei transistorbestückten Verstärkern, genau wie bei röhrenbestückten Verstärkern, Kreuzmodulation auftreten. Unter einer Kreuzmodulation ist dabei die Erscheinung zu verstehen, daß beim Einfall eines schwachen Senders die Modulation eines viel stärkeren Senders, der auf einer anderen Frequenz arbeitet, zu hören ist, während man ohne Vorhandensein der Trägerwelle des Nutzsenders die Störmodulation nicht hören kann. Eine solche Störung kann durch keine noch so gute Selektion der ZF-Filter beseitigt werden. Von einem qualitativ hochwertigen HF-Verstärker verlangt man eine nahezu lineare Beziehung zwischen Eingangs- und Ausgangssignal. Eine nur schwach gekrümmte Kennlinie läßt sich bereits durch wenige Glieder einer Potenzreihe verhältnismäßig gut annähern:

$$I = I_0 + aU + bU^2 + cU^3 + dU^4 + \dots;$$

dabei bedeuten:

$$a = \frac{\mathrm{d}I}{\mathrm{d}U} = \text{Steilheit der Kennlinie im Arbeitspunkt (dynamische Steilheit),}$$

$$2!\, b = \frac{\mathrm{d}^2I}{\mathrm{d}U^2} = \text{Krümmung der Arbeitskennlinie im Arbeitspunkt,}$$

$$3!\, c = \frac{\mathrm{d}^3I}{\mathrm{d}U^3} = \text{Krümmung der Steilheitskennlinie im Arbeitspunkt.}$$

Bei der Untersuchung der Kreuzmodulation benutzt man als Steuerspannung die Summenspannung aus einem unmodulierten Nutzsignal $U_N' = \hat{u}_N \cos ht$ und einem modulierten Störsignal $U_S' = \hat{u}_S \cos st \cdot (1 + m_S \cos n_S t)$. Hinzu kommt eine Gleichspannung U_0, so daß der Ansatz wie folgt lautet:

$$U = U_0 + \hat{u}_N \cos ht + \hat{u}_S \cos st\, (1 + m_S \cos n_S t).$$

Da der Ausgangskreis auf die Nutzfrequenz $h/2\pi$ abgestimmt ist, erzeugt nur eine in der Nähe der Nutzfrequenz liegende Frequenz eine Spannung. Der Ausgangsstrom hat die Form

$$I_{NS} = a\hat{u}_N \cos ht + \frac{3}{2}\, c m_S \hat{u}_N\, \hat{u}_S^2 \cos (h + n_S)\, t + \frac{3}{2}\, c m_S \hat{u}_N \hat{u}_S^2 \cos (h - n_S) t$$

oder, nach Umformung,

$$I_{NS} = a\hat{u}_N \cos ht \cdot (1 + 3\frac{c}{a}\, m_S \hat{u}_S^2 \cos n_S t).$$

Der Ausgangsstrom wird also mit der Störfrequenz $n_S/2\pi$ des Störgenerators moduliert. Das heißt also, daß infolge der Nichtlinearität der Kennlinie die Modulation des Störsenders auf den Nutzstrom übertragen wird.

Wird das Signal des Nutzsenders mit einer Frequenz $n_N/2\pi$ moduliert, so wird das Nutzsignal bei fehlendem oder unmoduliertem Störsignal einen Ausgangsstrom erzeugen nach:

$$I_N = a\hat{u}_N \cos ht \cdot (1 + m_N \cos n_N t).$$

Das Maß für die Kreuzmodulation wird aus dem Amplitudenverhältnis der Hüllkurve IN_S und der Hüllkurve I_N gebildet. Es gilt:

$$\text{Kreuzmodulation} \quad K = 3\,\frac{c\,m_S}{a\,m_N}\,\hat{u}_S^2.$$

K wird als Kreuzmodulationsfaktor bezeichnet.

Wird das Nutzsignal nicht moduliert, so kann der Ausgangsstrom als ein mit dem Kreuzmodulationsgrad m_k modulierter Strom aufgefaßt werden. Dann gilt

$$m_k = 3\,\frac{c}{a}\,m_S\,\hat{u}_S^2.$$

Der Kreuzmodulationsgrad ist also proportional dem Verhältnis von dritter Ableitung zu erster Ableitung des Ausgangsstromes nach der Steuerspannung, dem Modulationsgrad des Störsenders und dem Quadrat der Trägeramplitude des Störsignals [12].

Die Tatsache, daß die Modulation des Störsignals als eine Modulation des Nutzsignalträgers auftritt, beweist, daß eine auftretende Kreuzmodulation nicht mit Siebmitteln hinter aktiven Bauelementen (Transistor) beseitigt werden kann. Ein Verhindern der Kreuzmodulation vor aktiven nichtlinearen Bauelementen ist in der praktischen Schaltungstechnik meist nicht möglich. Es erscheint deshalb sinnvoll, die Auswirkungen der Nichtlinearität aktiver Bauelemente auf die Kreuzmodulation zu untersuchen und auszumessen.

Bei der Untersuchung der Kreuzmodulationseigenschaften eines Transistors in Emitterschaltung interessiert besonders für die Dimensionierung von HF-Verstärkern die Abhängigkeit der Kreuzmodulation vom Arbeitspunkt und vom Innenwiderstand der HF-Spannungsquelle. Bei ausgangsseitigem Kurzschluß des Transistors ($R_a = 0$) ist die Kreuzmodulation von zwei Faktoren bestimmt (Abb. 78): 1. von der Nichtlinearität des Kurzschlußeingangs-

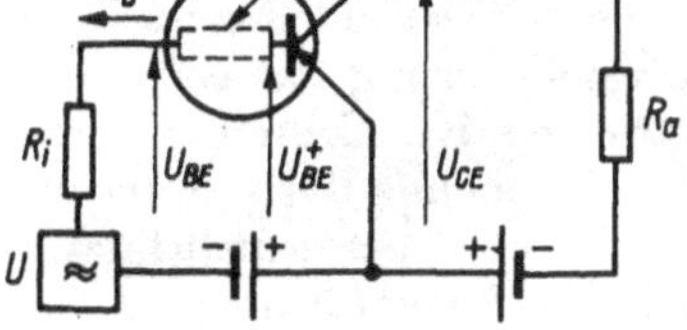

Abb. 78. Ausgangsseitig kurzgeschlossener Transistor

widerstandes, 2. von der Nichtlinearität der Kurzschlußstromverstärkung. Die Kreuzmodulation ist aber unabhängig von speziellen Schaltungsmaßnahmen.

Nach dem BOLTZMANNschen Gesetz besteht zwischen der Spannung U_B^+ (Spannung an der Emittersperrschicht) und dem Basisstrom I_B der exponentielle Zusammenhang

$$I_B = I_0 \exp \frac{U_B^+}{U_T};$$

hierin ist U_T die „Temperaturspannung", die sich nach $U_T = kT/e$ errechnet (bei 22°C: $U_T = 25{,}39$ mV ≈ 25 mV).

Die Spannung U_B am äußeren Transistoranschluß muß wegen des Spannungsabfalls am Basiswiderstand r_b größer als U_B^+ sein, so daß die Beziehung

$$I_B = I_0 \exp \frac{U_B - I_B r_b}{U}$$

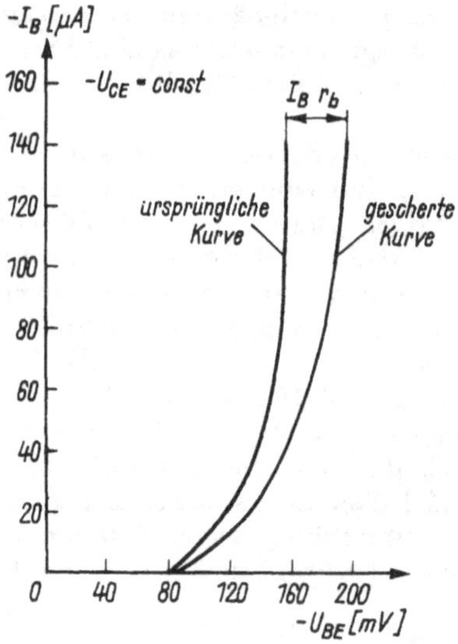

Abb. 79.
Linearisierung der Kurve

gilt. Somit ist die ursprüngliche Exponentialfunktion um den Spannungsabfall an r_b, also $I_B r_b$, geschert. Diese Scherung hat eine Linearisierung der Kurve gemäß Abb. 79 zur Folge. Die relative Krümmung ist vom Arbeitspunkt abhängig und nimmt mit zunehmendem Basisstrom ab. Der im Ausgangskreis fließende Kollektorstrom wird über diesen nichtlinearen Zusammenhang vom Basisstrom gesteuert. Der Stromverstärkungsfaktor $a' = dI_c/dI_b$

hängt vom Arbeitspunkt ab und zeigt seinen maximalen Wert bei etwa 0,2 ⋯ 2 mA Emitterstrom. Das Maximum von a' sagt aus, daß die Funktion $I_C = f(I_B)$ einen Wendepunkt und somit Glieder ungerader Potenz haben muß, von denen die Kreuzmodulation verursacht wird.

Nimmt man an, daß a' zwar für jeden Aussteuerungsbereich einen anderen Wert haben kann, aber für den Aussteuerungsbereich bei kleinen Ansteuerungen näherungsweise als konstant angesehen werden kann, so gilt

$$I_E \sim I_C \sim I_B = I_0 \exp \left. \frac{U_B - I_B r_b}{U_T} \right|_{U_{CE} = \text{const.}}$$

Der Kreuzmodulationsgrad ist proportional dem Verhältnis von dritter zu erster Ableitung des Ausgangsstromes nach der Steuerspannung. Es gilt somit für den Kreuzmodulationsgrad des Transistors

$$m_k = \frac{m_S}{2} \frac{u_S}{U_T^2} \frac{1 - 2 \dfrac{I_B r_b}{U_T}}{\left(1 + \dfrac{I_B r_b}{U_T}\right)^4},$$

der in eine Potenzreihe entwickelt werden kann:

$$m_k = \frac{1}{2} m_S \frac{\hat{u}_S^2}{U_T^2} \left(1 - 6 \frac{I_B r_b}{U_T} + 18 \frac{I_B^2 r_b^2}{U_T^2} - 40 \frac{I_B^3 r_b^3}{U_T^3} + \ldots\right);$$

darin ist der Quotient $I_B r_b / U_T \ll 1$. Damit ergibt sich der einfache Ausdruck

$$m_k = \frac{m_S}{2} \frac{u_S^2}{U_T^2}.$$

Diesen Ausdruck erhält man auch, wenn man die Kennlinie durch eine einfache Exponentialfunktion annähert, wobei man den Einfluß von r_b vernachlässigen kann. Bei größeren Emitterströmen ($I_E > 200\ \mu A$) darf diese Vereinfachung nicht mehr vorgenommen werden, denn I_B wächst nach

$$I_B \approx \frac{I_C}{\alpha'} \approx \frac{I_E}{\alpha'}.$$

Aus den angeführten Gleichungen läßt sich erkennen, daß mit steigendem Emitterstrom die Kreuzmodulation abnimmt, und zwar um so mehr, je kleiner die Stromverstärkung a' ist. Es mag nun so erscheinen, daß der an sich unerwünschte Widerstand der Basisschicht r_b in diesem Zusammenhang eine Linearisierung der Kennlinie und somit eine Verminderung der Kreuzmodulation bewirkt. Tatsache ist aber auch, daß r_b im selben Maße auch die HF-Verstärkung des Transistors herabsetzt.

Für den Fall

$$\frac{I_B r_b}{U_T} = \frac{1}{2}$$

tritt keine Kreuzmodulation auf.

An Hand des Kurvenverlaufes in Abb. 79 läßt sich dies leicht erkennen. Der Zusammenhang zwischen U_B und I_B ist bei kleinen Basisstrumen exponentiell und geht mit größer werdenden Basisströmen wegen der Scherung $I_B r_b$ in an-

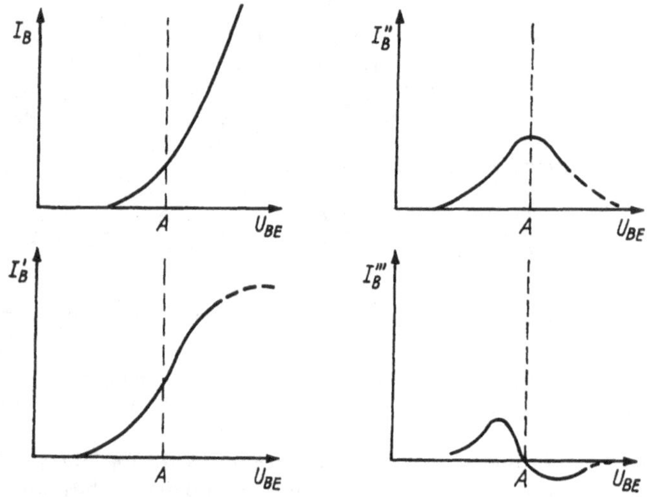

Abb. 80. Ableitungen der Steigungskurven

nähernd lineare Beziehungen über. Die Steigung der Funktion wächst am Anfang also exponentiell und nähert sich, je mehr die Linearisierung durch $I_B r_b$ zur Auswirkung kommt, einem konstanten Wert. Der Anstiegswendepunkt vom exponentiellen Kurventeil in eine Gerade liegt dabei im Wendepunkt A (Abb. 80). An diesem Punkt hat die zweite Ableitung der Steigungsfunktion und somit die dritte Ableitung des Stromes nach der Steuerspannung eine Nullstelle. Wird dieser Punkt überschritten, so tritt wiederum Kreuzmodulation auf, jetzt allerdings mit entgegengesetzter Phasenlage. Die Formel für die effektive Störspannung U_S, die 1% Kreuzmodulation verursacht, lautet:

$$U_S = \frac{U_T}{\sqrt{m_S}} \left(1 - 6\,\frac{I_B r_b}{U_T} + 18\,\frac{I_B^2 r_b^2}{U_T^2} - 40\,\frac{I_B^3 r_b^3}{U_T^3} + \cdots\right)^{\frac{1}{2}}.$$

Nach dieser Formel weist die für 1% zulässige Störspannung bei kleinen Emitterströmen den kleinsten Wert auf und steigt mit größer werdendem Emitterstrom um so stärker, je kleiner a' und je größer r_b ist.

Kreuzmodulation wie auch Klirrfaktor 3. Ordnung K_3 sind auf die gleiche physikalische Ursache zurückzuführen, nämlich auf die Krümmung der Steilheitskennlinie d^3I/dU^3. Somit ist es möglich, aus dem Klirrfaktor K_3 den Kreuzmodulationsfaktor zu ermitteln. Für K_3 gilt

$$K_3 = \frac{i_3}{\sqrt{i_1^2 + i_2^2 + i_3^2 + \cdots}}.$$

Mit den bereits bekannten Definitionen ergibt sich

$$K_3 = \frac{1}{4}\,\frac{c}{a}\,\hat{u}^2$$

und der Kreuzmodulationsgrad

$$m_k = 12\,K_3.$$

2.6.7.1. *Hochfrequentes Messen des Kreuzmodulationsfaktors*

Den Meßaufbau zum hochfrequenten Messen des Kreuzmodulationsfaktors zeigt Abb. 81. Der Transistor wird mittels des Stromversorgungsteiles auf seinen Arbeitspunkt eingestellt. Auf den Transistoreingang gelangen zwei Hochfrequenzspannungen: die unmodulierte Nutzspannung U_N mit der meßtechnisch bedingten Frequenz 470 kHz, die vom Nutzgenerator G_N bereitgestellt wird, und die Störfrequenz U_S, die 100% mit 500 Hz moduliert wird. Die Störfrequenz U_S beträgt 420 kHz und wird vom Störgenerator G_S geliefert. Zwischen Generator und Prüfling befinden sich keinerlei Selektionsmittel, es wird lediglich ein Widerstandsnetzwerk gemäß Abb. 82 dem Transistoreingang vorgeschaltet, so daß jeder Generator mit dem Wert seines Innenwiderstandes belastet wird und eine Entkopplung der Generatoren gegeneinander erfolgt und somit Kreuzmodulationen der Generatoren untereinander mit Sicherheit vermieden werden. Der resultierende Generatorinnenwiderstand, vom Transistor aus gemessen, beträgt somit 60 Ω. Da die Kreuzmodulationsgrößen nur bei kurzgeschlossenem Kollektorkreis definiert sind, muß bei der Messung der Außenwiderstand klein gegenüber dem Innenwiderstand des Prüflings sein. Es wird deshalb ein Außenwiderstand von 500 Ω gewählt. Der niederohmige Widerstand wird transformatorisch an das folgende vierkreisige Bandfilter B angekoppelt, welches auf 470 kHz abgeglichen ist.

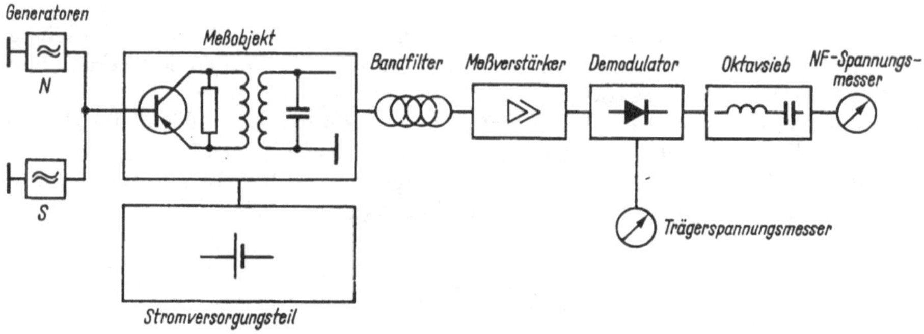

Abb. 81. Prinzipschaltung zur Kreuzmodulationsmessung (HF-Prinzip)

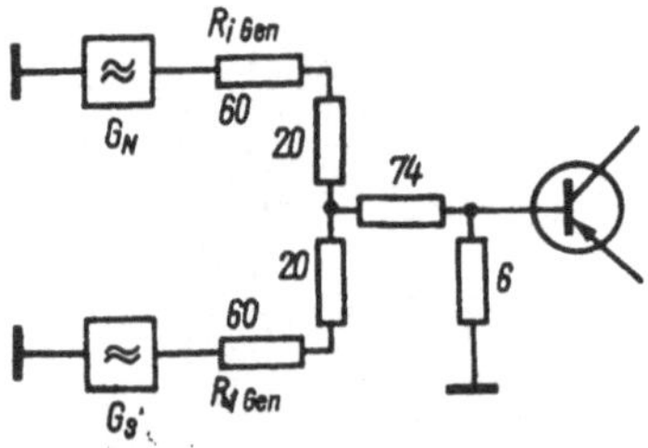

Abb. 82. Widerstandsnetzwerk

Es bietet gegenüber U_S eine so hohe Selektion, daß die Störfrequenz weder direkt noch durch Kreuzmodulation im Meßverstärker am Röhrenvoltmeter nachgewiesen werden kann. Dem Bandfilter B ist ein Meßverstärker nachgeschaltet, der so eingestellt wird, daß die HF-Spannung am nachfolgenden Demodulator immer konstant ist. Ein Maß für die richtige Einstellung ist der Diodenstrom des Demodulators, der vom Instrument I_D angezeigt wird. Die am Demodulator auftretende Niederfrequenz passiert ein Oktavsieb (500 Hz), so daß Stör- und Brummspannungen unwirksam gemacht werden. Die Anzeige erfolgt vom Spannungsmesser (RVM).

Die Messung wird wie folgt durchgeführt: Zuerst wird die Meßschaltung geeicht. Zu diesem Zweck wird der Nutzgenerator eingeschaltet, der jetzt mit einer Frequenz von 500 Hz bei $m = 1\%$ moduliert wird. Die HF-Spannung soll am äußeren Basisanschluß des Prüflings 1 mV betragen. Nun wird ein bestimmter Diodenstrom eingestellt, der beim weiteren Meßvorgang konstant zu halten ist. Es wird die Spannung U_{NF} am Röhrenvoltmeter abgelesen. Sie entspricht einem Modulationsgrad von 1%.

Nun wird die eigentliche Messung durchgeführt. Zu diesem Zweck wird der Nutzgenerator nicht moduliert. Die HF-Spannung am Basisanschluß des Prüflings soll 1 mV betragen. Die Verstärkung des Meßverstärkers wird nun so eingestellt, daß sich der vorgesehene Ausschlag von I_D (Diodenstrom)

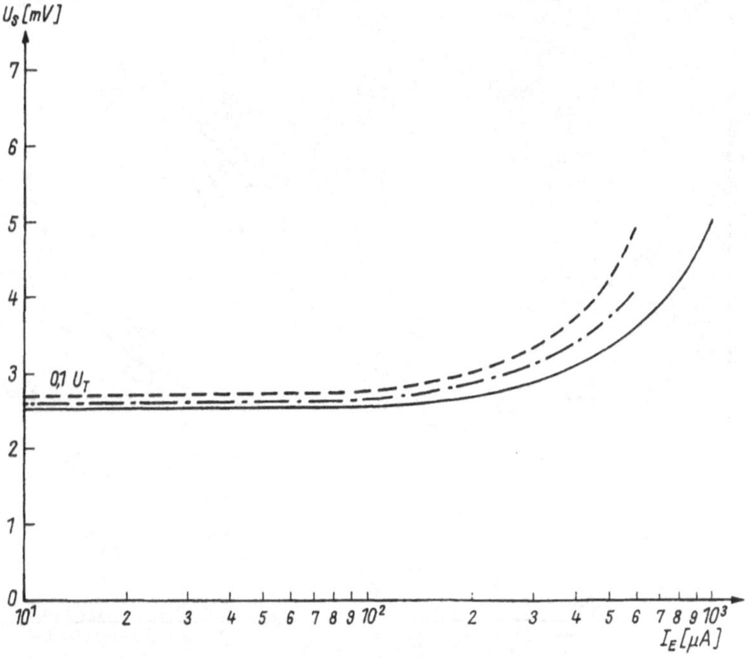

Abb. 83. Mittelwerte dreier Transistoren

gemäß der Eichung ergibt. Der Störgenerator wird mit 500 Hz bei $m = 100\%$ moduliert und seine HF-Spannung so weit gesteigert, bis sich am Röhrenvoltmeter ein Ausschlag entsprechend einem Kreuzmodulationsgrad von 1% einstellt. Die Kurven in Abb. 83 stellen die Mittelwerte von drei ausgemessenen Transistoren gleichen Typs dar, die alle drei etwa ein gleiches Verhältnis von Basis-Bahnwiderstand zu Stromverstärkung aufwiesen. Die Darstellung zeigt die für 1% Kreuzmodulation erforderliche Effektivspannung des Störgenerators U_G in Abhängigkeit vom Emitterstrom. Wie zu sehen ist, steigen die Kurven mit größer werdendem Emitterstrom $I_E \approx a' I_B$ erst wenig, dann aber immer stäker an. Der Generatorinnenwiderstand ist bei der Messung niederohmig, so daß es sich um eine reine Spannungssteuerung handelt. In der Praxis dürfte dieser Fall zwar kaum vorkommen, da bekanntlich jede Spannungsquelle einen endlichen Innenwiderstand aufweist (das gilt auch für Antennen). Es ist deshalb üblich, den Transistor leistungsangepaßt an einem angezapften Schwingkreis zu betreiben. Die Anzapfung erfolgt dabei so, daß der vom Transistor aus gesehene Widerstand des Schwingkreises gleich dem Transistoreingangswiderstand bzw. unter Berücksichtigung der

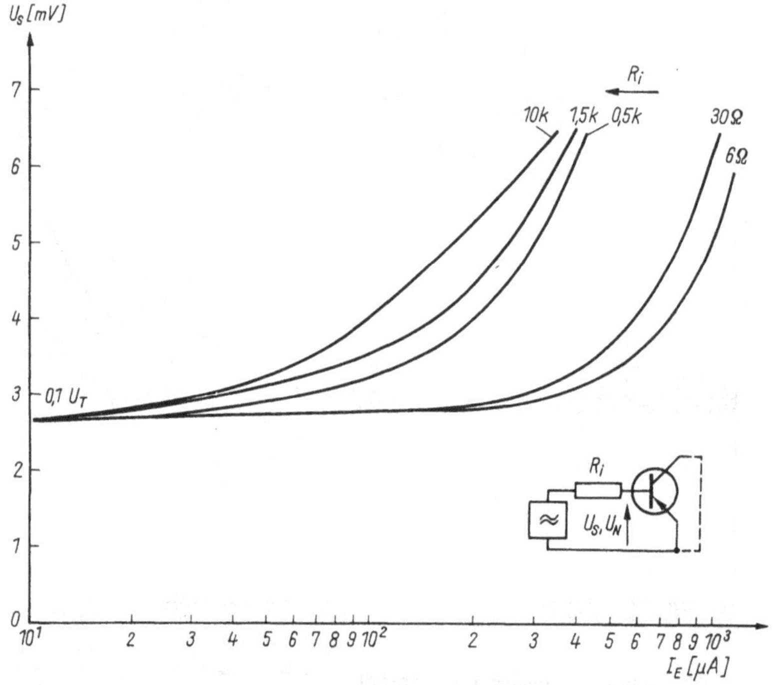

Abb. 84. Kurvenverlauf in Abhängigkeit von R_i

Bandbreite auch kleiner oder größer als der Transistoreingangswiderstand ist. Der Quellwiderstand bewirkt eine Linearisierung der I_B-U_B-Kennlinie, was mit einer Verkleinerung der Kreuzmodulation gleichzusetzen ist. Abb. 84 zeigt den Einfluß des Quellwiderstandes R_i auf U_S.

2.6.7.2. *Niederfrequentes Messen der Kreuzmodulation*

Das Meßprinzip zum Bestimmen des Kreuzmodulationsfaktors zeigt Abb. 85. Das Meßverfahren ist darauf begründet, daß der Klirrfaktor 3. Ordnung proportional dem Kreuzmodulationsgrad ist. Bei der Messung wird eine Spannung mit einer Frequenz von 1000 Hz an die Basis des Prüflings gelegt. Die Spannung wird dann so lange verändert, bis die Kollektorspannung einen Klirrfaktor 3. Ordnung von $1/12\% = 0{,}08\%$ aufweist, was einem Kreuzmodulationsgrad von 1% entspricht. Dieses Meßverfahren läßt sich zwar mit einem relativ geringen Aufwand durchführen, es werden aber an

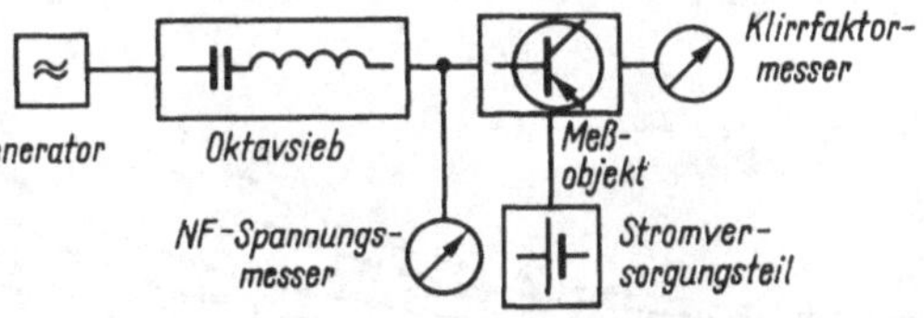

Abb. 85. Prinzipschaltung zur Kreuzmodulationsmessung (NF-Prinzip)

den Generator hinsichtlich Oberwellenfreiheit und an das Oktavsieb hinsichtlich Eisenverzerrungen schärfste Anforderungen gestellt. Ergebnisse derartiger Messungen sind in Abb. 86 zusammengestellt. In Abb. 87 sind vergleichende Meßergebnisse der HF- und NF-Messung gegenübergestellt. Der Vergleich

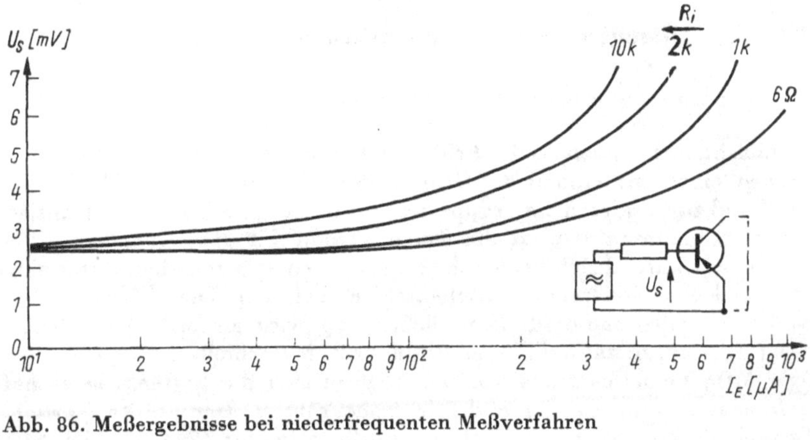

Abb. 86. Meßergebnisse bei niederfrequenten Meßverfahren

zeigt, daß bei kleinen Emitterströmen und kleinen Generatorinnenwiderständen die Meßkurven beider Verfahren praktisch zusammenfallen, bei größeren Emitterströmen und größeren Generatorinnenwiderständen dagegen die Kurven der HF-Meßmethode schneller ansteigen, was auf die zunehmende frequenzabhängige Spannungsteilung zwischen Basiswiderstand und Emitterkapazität zurückzuführen ist.

Der Vergleich beider Meßmethoden zeigt, daß die hochfrequenten Meßkurven in Abhängigkeit vom Emitterstrom schneller ansteigen, was in der

Frequenzabhängigkeit der Parameter begründet ist. Aus der Darstellung kann abgeleitet werden, daß die hochfrequente Bestimmung der Kreuzmodulation den genaueren Wert liefert [13].

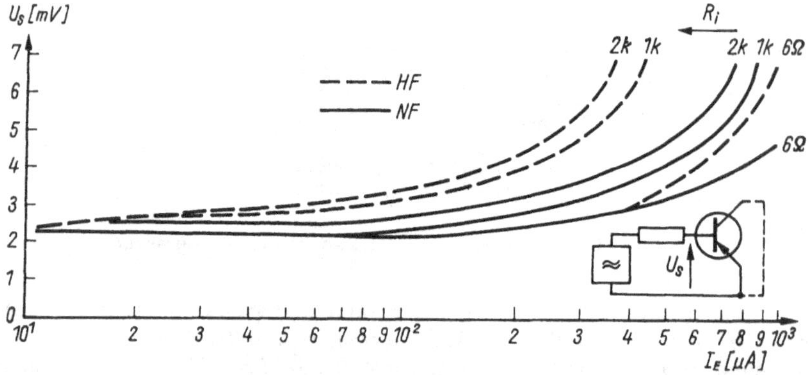

Abb. 87. Vergleich zwischen HF- und NF-Meßergebnissen

2.7. *Messungen an Feldeffekttransistoren*

2.7.1. *Aufbau von Feldeffekttransistoren*

Grundsätzlich lassen sich Feldeffekttransistoren in zwei verschiedene Gruppen einteilen: einmal die Gruppe der „junction-gate field-effect transistor" und zum anderen die Gruppe der „insulated-gate field-effect transistor". Beim erstgenannten Typ ist die Gateelektrode mit dem Kanal unmittelbar verbunden, während sich beim zuletzt genannten Typ zwischen Gateelektrode und Kanal eine isolierende Zwischenschicht befindet. Diese Zwischenschicht besteht aus Siliziumdioxid. Ein solcher Typ wird als MOS-Feldeffekttransistor (MOS = „metal-oxide semiconductor") bezeichnet.

Der MOS-Feldeffekttransistor vereinigt in sich die besten Eigenschaften der bipolaren Transistoren und Elektronenröhren. Der größte Vorteil der MOS-Feldeffekttransistoren liegt im hohen, von der Polarität der Steuerelektroden unabhängigen Eingangswiderstand. Ein weiterer Vorzug dieses Transistortyps liegt darin, daß die durch die Isolierschicht abfließenden Leckströme in ihrer Größe fast unabhängig von der Umgebungstemperatur sind. Der prinzipielle Aufbau eines elektrischen Verstärkerelementes gemäß Abb. 88 wurde von O. Heil bereits 1935 als Patent angemeldet. In der Abbildung bedeutet *2* eine dünne Schicht aus halbleitendem Material, und *1* und *3* sollen ohmsche Kontakte darstellen. In unmittelbarer Nähe der unteren Fläche, jedoch von ihr isoliert, ist eine dünne Metallfolie *6* angeordnet, welche als Steuerelektrode dient. Heil fand heraus, daß eine an die Klemmen *7* angelegte Spannung den Widerstand der Halbleiterschicht *2* so verändert, daß das Signal im zweiten Stromkreis, in dem die Batterie mit einem Instrument in Reihe liegt, verstärkt auftritt, was durch das Instrument angezeigt wird. Die Darstellung von HEIL entspricht dem Prinzip des Feldeffekttransistors mit isolierender Zwischenschicht zwischen Gateelektrode und n-Kanal. Die vergleichende Darstellung zum Prinzip nach HEIL geht aus Abb. 89 hervor, in dem ein Schnitt durch einen Feldeffekttransistor mit verbundener

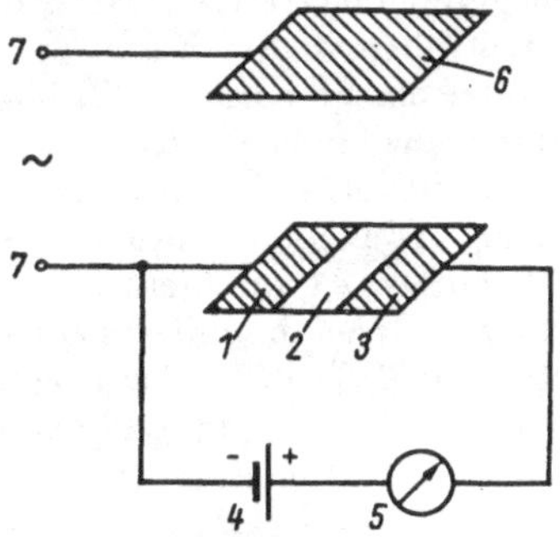

Abb. 88. Halbleiterbauelement nach O. HEIL

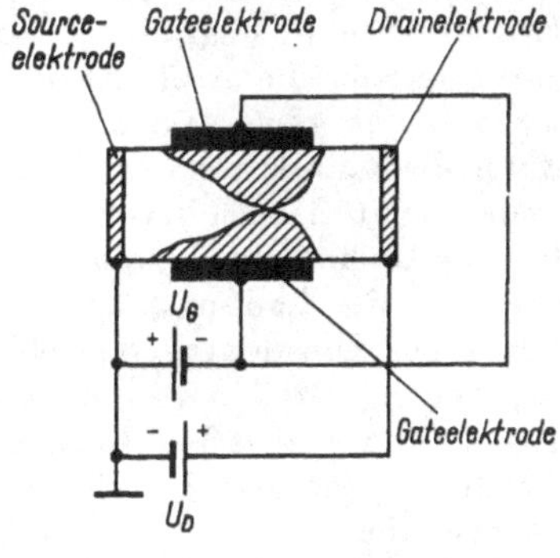

Abb. 89. Schema eines Unipolar-Feldeffekttransistors nach SHOCKLEY

Gateelektrode dargestellt ist (SHOCKLEY-Prinzip). Bei einem solchen Typ wird der Entleerungsbereich eines in Sperrichtung gepolten pn-Übergangs zur Steuerung des wirksamen Querschnittes und damit der Leitfähigkeit eines Blockes aus Halbleitermaterial benutzt. Die ohmschen Kontakte werden meist als Sourceelektroden und als Drainelektroden bezeichnet („source“ = Quelle, „drain“ = Senke und „gate“ = Tor), im Gegensatz zu den bekannten Bezeichnungen wie Kollektor und Emitter. Für die elektrisch leitende Zone zwischen Sourceelektrode und Drainelektrode hat sich die Bezeichnung Kanal durchgesetzt, wogegen man die Steuerelektrode als Gateelektrode bezeichnet. In Abb. 90 ist der prinzipielle Aufbau eines MOS-Feldeffekttransistors zu erkennen. Auf einem Block aus relativ inakivem Halb-

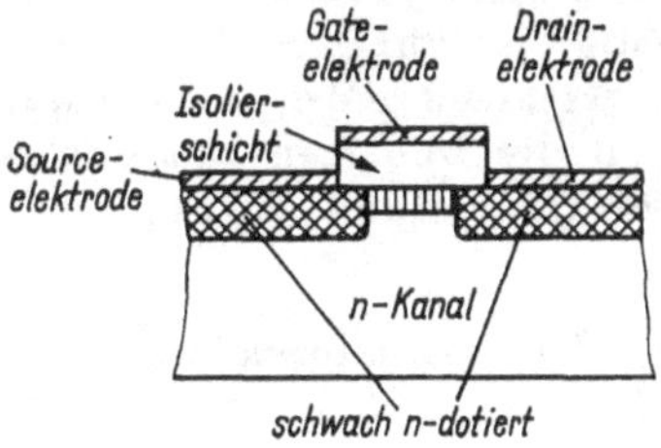

Abb. 90. Schnitt durch einen MOS-Feldeffekttransistor

leiter sind die Source-, die Drain- und die Gateelektrode untergebracht. Source- und Drainelektrode sind schwach dotiert. Die Gateelektrode ist durch eine Siliziumdioxid-Isolierschicht vom Kanal getrennt. Der Kanalstrom fließt in Richtung Drainelektrode zur Sourceelektrode durch den Kanal.

a) Wirkungsweise. Hinsichtlich seiner Wirkungsweise kann der MOS-Feldeffekttransistor mit einem Kondensator verglichen werden, zwischen dessen Platten sich eine Isolierschicht befindet. Wird nun auf eine Platte (Gateelektrode) eine elektrische Ladung gegeben, so wird auf der Gegenplatte (Kanal) eine gleichgroße, jedoch entgegengesetzte elektrische Ladung fluenziert. Je nach Polarität nimmt die Leitfähigkeit des Kanals, vom Ausgangszustand aus gemessen, zu oder ab. Bei einem normalen Kondensator wird durch die Modulation der Plattenladung eine nur sehr schwache Leitfähigkeitsänderung in der Isolierschicht erzeugt. Bevor es in einem Kondensator mit hochwertigem Dielektrikum zu einem Ladungsdurchbruch kommt, ist nur etwa 1% der Ladungsträger einer einfachen Atomschicht des Dielektrikums beweglich. Die elektrische Feldstärke zur Erzeugung dieses geringen Effektes liegt in der Größenordnung von etwa 10 MV/cm. Soll nun eine brauchbare Anordnung geschaffen werden, so muß die bewegte Ladung einen großen Teil der insgesamt für die Leitfähigkeit verfügbaren elektrischen Ladung repräsentieren, wobei eine beträchtliche Ladungsträgerbeweglichkeit bestehen muß. Mit Metallen ist diese Eigenschaft nur schwierig zu realisieren. Bei Verwendung von Halbleitern hingegen sind diese Forderungen leichter zu realisieren. Der wesentlichste Unterschied zwischen MOS-Feldeffekttransistoren und SHOCKLEY-Feldeffekttransistoren mit verbundener Gateelektrode besteht darin, daß beim MOS-Feldeffekttransistor eine Verminderung und eine Steigerung, beim SHOCKLEY-Transistor jedoch nur eine Verminderung der Raumladung des Kanals für die Transistorfunktion ausgenutzt werden kann. Der SHOCKLEY-Transistor weist also den Nachteil auf, daß wegen der pn-Verbindung nur die Verminderung der Raumladung des n-Kanals möglich ist. Wird beim Feldeffekttransistor mit verbundener Gateelektrode der pn-Übergang in Durchlaßrichtung gepolt, so fließt ein hoher Strom durch die Gateelektrode. Es tritt hier also ein ähnlicher Nachteil wie bei Elektronenröhren in Form des Gitterstromes bei positiver Gitterspannung auf. Eine Ladungssteigerung ohne den genannten Nachteil wird durch die Verwendung einer isolierten Gateelektrode bewirkt. Die Ladungssteigerung im Kanal ist besonders deshalb erwünscht, weil dann eine Großsignalverstärkung mit oder ohne positive Vorspannung und eine Signalumkehr bei direkter Kopplung möglich wird, ohne daß dabei eine Verschiebung des Transistorarbeitspunktes erforderlich ist. Als weiterer Vorteil der isolierten Gateelektrode muß die Temperaturunabhängigkeit der Leckströme durch die Isolierschicht genannt werden.

b) Ausführungsformen. MOS-Feldeffekttransistoren werden in vier verschiedenen Ausführungen hergestellt.

Entleerungstyp: Der Entleerungstyp weist im Kanal ohne Gatevorspannung viele Ladungsträger auf. Wird der Kanal mittels einer entgegengesetzten Vorspannung (negatives Gatepotential) entleert, so ergibt sich daraus eine Verminderung der Leitfähigkeit. In dieser Betriebsweise (mit verbundener Gateelektrode) fließt ein großer Kanalstrom, wenn die an der Gateelektrode anliegende Entleerungsspannung gleich Null ist.

Steigerungstyp: Beim Steigerungstyp weist der Kanal ohne Gatevorspannung kaum Ladungsträger auf, so daß die Kanalleitfähigkeit äußerst gering ist. Polt man die Gateelektrode in Vorwärtsrichtung, so gelangen mehr Ladungsträger in den Kanal, so daß die Leitfähigkeit entsprechend zunimmt.

In MOS-Feldeffekttransistoren dieser Konstruktion fließen die kleinsten Kanalströme, sobald die Gatevorspannung Null geworden ist. Die isolierende Siliziumdioxidschicht verhindert das Aufkommen eines Gatestromes, was bei Feldeffekttransistoren mit verbundener Gateelektrode nicht der Fall ist. MOS-Feldeffekttransistoren, welche ohne Gatevorspannung eine große Kanalleitfähigkeit aufweisen, werden kurz als Entleerungstransistoren bezeichnet, wogegen MOS-Feldeffekttransistoren, die ohne Gatevorspannung keine Kanalleitfähigkeit aufweisen, als Steigerungstransistoren bezeichnet werden. Beide Typen werden mit n- und p-Kanal hergestellt, so daß praktisch vier verschiedene Typen zur Verfügung stehen.

c) Zusammenhang zwischen Drainstrom und Drainspannung. Die Abhängigkeit des Drainstromes von der Drainspannung eines in Source-Basisschaltung betriebenen Entleerungstransistors ist in Abb. 91 dargestellt. Ist die Drain-Source-Spannung niedrig, und die Gateelektrode auf Sourcepoten-

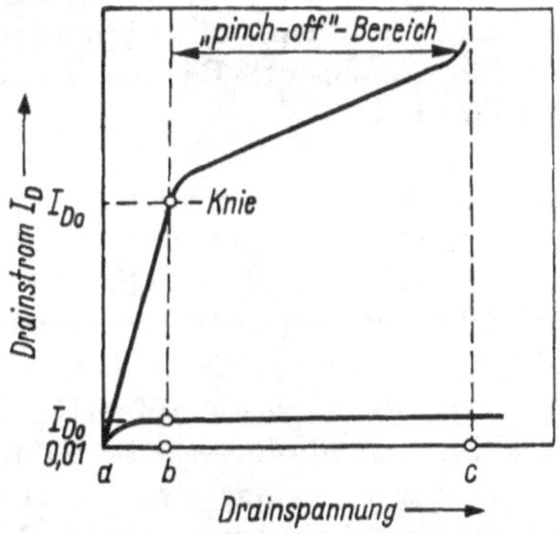

Abb. 91. Zusammenhang zwischen Drainstrom und Drainspannung

tial, so gilt $U_G = 0$. Der Kanal zeigt dann ein fast ohmsches Verhalten, so daß der Strom in beiden Richtungen gleich gut fließt. Dieser lineare Bereich, der durch den Punkt *a* verläuft, wird nach oben durch den Punkt *b* begrenzt. Steigt jedoch der Drainstrom über *b* hinaus, so wird die Stromzunahme im Kanal geringer. Die Erscheinung ist darin begründet, daß der Drainstrom im

Kanal einen ohmschen Spannungsabfall erzeugt und weiterhin die Gateelektrode Sourcepotential besitzt. Mit wachsendem Drainstrom steigt der ohmsche Spannungsabfall im Kanal an, wodurch auch die Spannungsdifferenzen zwischen der Gateelektrode und solchen Punkten des Kanals zunehmen, die in der Nähe der Drainelektrode liegen. Mit der Zunahme der Spannungsdifferenzen entleeren sich die Ladungsträger aus dem Kanal, wodurch es zu einer zunehmenden Verriegelung des Kanales kommt, was wiederum eine geringere Zunahme des Drainstromes mit wachsender Drainspannung nach sich zieht. Zwischen den Punkten *b* und *c* liegt also der „pinch-off"-Bereich. Diesem Bereich schließt sich der Durchbruchbereich an, in dem der Strom sprunghaft ansteigen kann. Den „pinch-off"-Zustand kann der Kanal auf Grund des ohmschen Widerstandes von selbst erreichen oder auch mit Hilfe einer an die Gateelektrode angelegten Spannung. Dabei wird eine Potentialdifferenz wirksam, die aus der Summe der angelegten Gatespannung und aus dem inneren Spannungsabfall im Kanal gebildet wird. Soll hier der gleiche „pinch-off"-Effekt erzielt werden, wie im Falle gleichen Source- und Gatepotentials, so muß die Summenspannung den gleichen Wert aufweisen, wie im Falle des selbsttätigen „pinch-off"-Effektes die Potentialdifferenz ist. Es ist also theoretisch möglich, einen „pinch-off"-Effekt allein durch Anlegen einer Gatespannung zu erreichen; dabei muß die Gatespannung die gleiche Höhe haben wie die für den selbsttätigen „pinch-off"-Effekt erforderliche Potentialdifferenz. Im Punkt *b* wird die Drainspannung Kniespannung genannt. Die „pinch-off"-Spannung U_p wird vielfach als Gatespannung definiert, bei welcher der Kniestrom I_{D0} auf ein Hundertstel seines Wertes abgesunken ist. Entleerungstransistoren mit einem n-Kanal weisen eine negative „pinch-off"-Spannung auf, wogegen n-Kanal-Steigerungstransistoren eine positive „pinch-off"-Spannung besitzen. Als Spannungsverstärker werden Entleerungstransistoren im „pinch-off"-Bereich betrieben. Dabei weisen sie einen hohen Eingangswiderstand auf.

d) Ersatzschaltbild. Das Ersatzschaltbild eines MOS-Feldeffekttransistors in Source-Basisschaltung zeigt Abb. 92. Das Ersatzschaltbild besteht aus insgesamt 14 Elementen und ist für den „pinch-off"-Bereich gültig. Vom Ersatzschaltbild wird exakt das elektrische Verhalten des MOS-Feldeffekttransistors im „pinch-off"-Bereich für Gleich- sowie auch für Wechselstrom beschrieben. Es gilt für Frequenzen bis zu etwa 100 MHz. Bei höheren Frequenzen müssen die Kapsel und die Anschlußdrähte des Transistors in die Betrachtung einbezogen werden, so daß dann das Ersatzschaltbild um die entsprechenden Induktivitäten erweitert werden müßte. Die ohmschen Widerstände r_{gs} und r_{gd} sind die Wege der Leckströme im Transistor, wobei r_{gs} der Leckstromweg zwischen Gateelektrode und Sourcezone quer zur Siliziumdioxid-Isolierschicht darstellt, während r_{gd} den Widerstand des Leckstromweges zwischen Gateelektrode und Drainelektrode darstellt. Die Leckwiderstände sind sehr hochohmig und werden mehr von der Länge des

Kriechstromweges auf der Oberfläche als von der Dicke der Siliziumdioxidschicht bestimmt. Die beiden Kapazitäten c_{gd} und c_{gs} stellen die Kapazitäten der Anschlußdrähte und der Transistorkapsel dar. Die Reihenschaltung der Kapazität c_c und des Widerstandes r_c ist die Ersatzschaltung für das räumlich verteilte Netzwerk, welches aus dem aktiven Kanal, der Isolierschicht und der Gateelektrode gebildet wird. Die Kapazität c_c stellt die Summe aller längs der aktiven Kanalfläche verteilten Einzelkapazitäten dar, die über den Kanalwiderstand r_c auf- und entladen werden. Der Kanalwiderstand r_c setzt sich wiederum aus einer großen Zahl von Parallel- und Reihenwider-

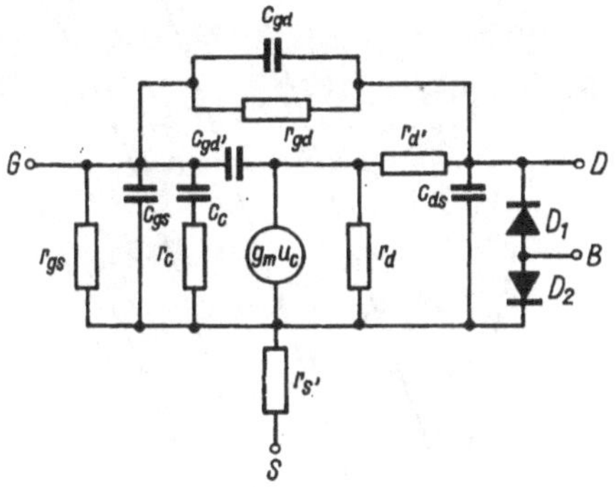

Abb. 92. Ersatzschaltbild eines MOS-Feldeffekttransistors in Source-Basisschaltung

ständen zusammen, die zwischen der aktiven Kanalfläche und der Gate-, Drain- und Sourceelektrode wirksam sind. Während die Kapazität c_c die effektive Ladungssteuerung des Transistors bewirkt, bewirkt der Spannungsabfall über r_c eine innere Erwärmung des Transistors. Diese Erwärmung ist natürlich unerwünscht. Darüber hinaus sind die beiden Größen r_c und c_c maßgeblich für die Zeitkonstante des Transistors und somit bestimmende Größen für das Hochfrequenzverhalten des Transistors. Der Konstantstromgenerator $g_m u_c$ bewirkt, daß der Drainstrom im „pinch-off"-Bereich trotz Veränderung der Drain-Source-Spannung weitgehend konstant bleibt. Der innere Leitwert g_m des Generators und der Vorwärtsübertragungsleitwert g_{fs} der gesamten Ersatzschaltung sind bei niedrigen Frequenzen praktisch gleich und lassen sich aus der Steigerung der Kennlinie $I_D = f(U_G)$ ermitteln. Der Widerstand r_d liegt parallel zum Generator und beschreibt zusammen mit den Reihenverlustwiderständen r_s' und r_d' den dynamischen Ausgangswiderstand r_{0s} des Feldeffekttransistors. Im „pinch-off-"-Bereich ist der Widerstand r_d wesentlich größer als die parasitären Widerstände r_s' und r_d'. Man kann somit r_d in jedem Arbeitspunkt durch Feststellung der Kurvensteigung im $I_D(U_D)$-Diagramm bestimmen. r_d wird um so größer, je weiter der Kanal durch die Gatevorspannung entleert wird. Im Ersatzschaltbild sind noch zwei Dioden angegeben. D_1 stellt dabei die Verbindung zwischen der schwach dotierten Drainzone und dem Halbleiterblock dar, während D_2 den Übergang zwischen der schwach dotierten Sourcezone und dem Halbleiterblock darstellt. Die beiden gegengepolten Dioden sind parallel zum Kanal angeordnet. Zwischen den Dioden liegt der Anschlußpunkt B (Block-Gateelektrode). Die Block-

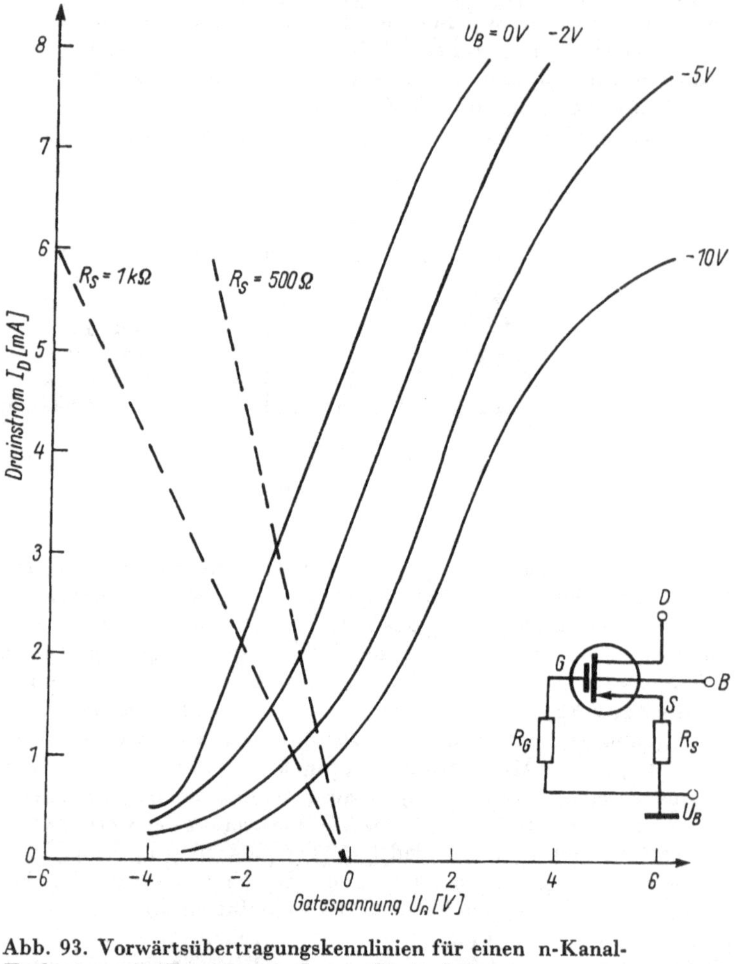

Abb. 93. Vorwärtsübertragungskennlinien für einen n-Kanal-Entleerungstyp-Transistor in Source-Basisschaltung

Gateelektrode, vielfach auch als Substratelektrode bezeichnet, wird mitunter aus dem Transistorgehäuse herausgeführt, wodurch die Einsatzmöglichkeit des Transistors erhöht wird. Gewöhnlich wird in Schaltungen die Blockelektrode mit der Sourceelektrode verbunden. D_1 ist dann in Sperrichtung gepolt und D_2 kurzgeschlossen. Dieser Kurzschluß von D_2 ist jedoch nicht voll wirksam, weil mit den Dioden ein verteilter, vom Halbleiterblock verursachter Widerstand verbunden ist. Im NF-Bereich spielt dieser Widerstand keine Rolle. Im HF-Bereich ist jedoch als Reihenelement die Diodenkapazität

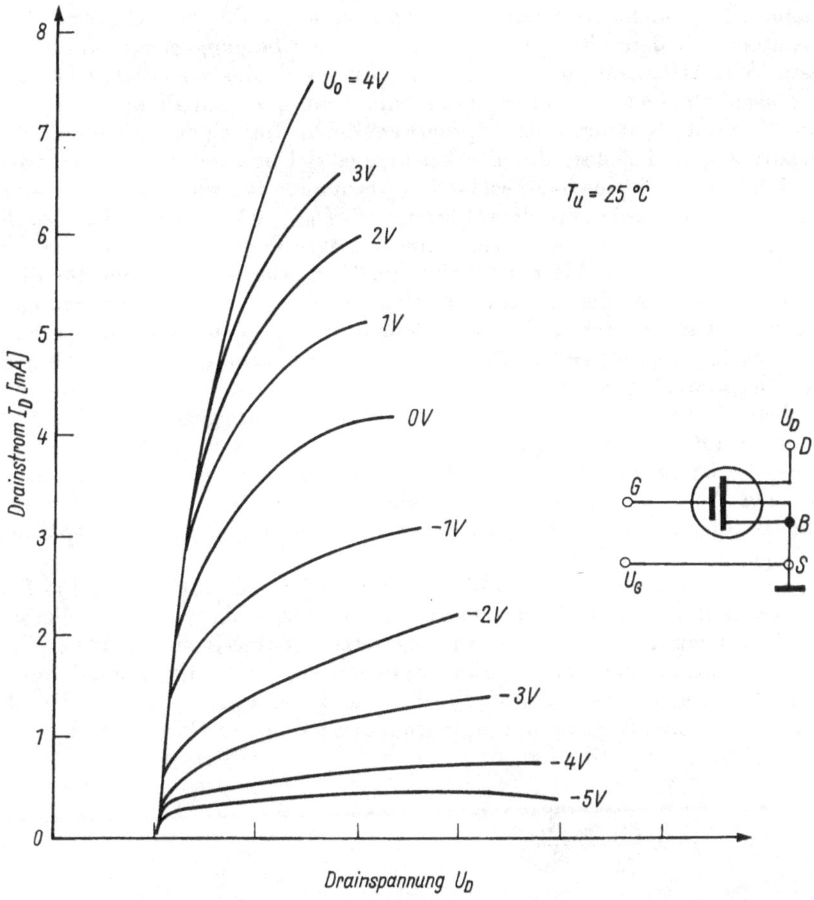

Abb. 94. $I_D(U_D)$-Kennlinienfeld eines n-Kanal-Entleerungstyp-Transistors

wirksam. Die Widerstände r_d' und r_s' gelten für die Teile des Kanales, die nicht über die Gateelektrode moduliert werden. Der Widerstand r_s enthält Anteile des Halbleitermaterials der Sourcezone sowie den Kontaktwiderstand der Sourceelektrode. In der Source-Basisschaltung wirkt r_s' als Verlustwiderstand und als Rauschquelle. Die Kapazität c_{ds} im Ersatzschaltbild erfaßt die

Kapazität, die zwischen den beiden zur Drainelektrode und Sourceelektrode führenden Anschlußdrähten wirksam wird. Die Ersatzkapazität c'_{gd} beschreibt die innere Gate-Drain-Rückwirkungskapazität des Transistors. c'_{gd} sinkt um so mehr, je näher sich der Arbeitspunkt dem „pinch-off"-Bereich nähert. Was nicht aus dem Ersatzschaltbild hervorgeht, ist die Tatsache, daß sich der Siliziumblock nicht vollständig neutral verhält. Da der Halbleiterblock zusammen mit dem aktiven Kanal auch einen Übergang bildet, kann er als zweite Steuerelektrode benutzt werden. Inwieweit das realisierbar ist, kann hauptsächlich vom Dotierungsgrad und von der Kanallänge abhängen. Abb. 93 zeigt Vorwärtsübertragungskennlinien für einen n-Kanal-Entleerungstransistor, bei dem die Blockelektrode B herausgeführt ist. Wenn die Blockelektrode mit der Sourceelektrode verbunden ist, was meist der Fall ist, so gilt die Kennlinie mit dem Parameter $U_B = 0\,V$. Legt man zwischen Blockelektrode und Sourceelektrode eine negative Vorspannung, so vermindert sich der Drainstrom. Wie ein Silizium-pn-Übergang, so hat auch die Block-Kanal-Verbindung die gleiche Erscheinung eines temperaturabhängigen Sättigungssperrstromes und eines kleinen Eingangswiderstandes, wenn in Durchlaßrichtung gepolt wurde. Mitunter ist es ratsam, die Blockelektrode wechselstrommäßig kurzzuschließen und auf ein Gleichspannungspotential anzuheben, welches die geringste Potentialdifferenz gegenüber der Gateelektrode aufweist. Das $I_D(U_D)$-Kennlinienfeld eines n-Kanal-Entleerungstransistors ist in Abb. 94 dargestellt. Aus den Kurven ist zu erkennen, daß man den Ausgangswiderstand r_{0s} beim MOS-Feldeffekttransistor bei niedrigen Drainspannungen lediglich durch Veränderung der Gatevorspannung variieren kann.

e) Grundschaltungen. Wie bei bipolaren Transistoren gibt es auch bei Feldeffekttransistoren drei Grundschaltungen, die in Abb. 95 dargestellt sind. Abb. 95*a* zeigt die am häufigsten eingesetzte Source-Basisschaltung. Diese Schaltung weist einen hohen Eingangswiderstand bei einem mittleren bis hohen Ausgangswiderstand auf. Die Spannungsverstärkung ist dabei größer als 1. Wenn keine Gegenkopplung vorhanden ist, so errechnet sich die Spannungsverstärkung nach

$$A_s = \frac{g_{fs}\, r_{0s}\, R_L}{r_{0s} + R_L};$$

hierin bedeuten:

g_{fs} = Vorwärtsübertragungsleitwert zwischen Gate- und Drainelektrode in Source-Basisschaltung,

r'_{0s} = Ausgangswiderstand in Source-Basisschaltung,

R_L = wirksamer Belastungswiderstand.

Fügt man in die Sourceleitung einen Widerstand R_S gemäß Abb. 93 ein, so erhält man eine Stromgegenkopplung, bei der sich die Spannungsverstärkung nach folgender Formel errechnet:

$$A_s' = \frac{g_{fs}\, r_{0s}\, R_L}{r_{0s} + (g_{fs}\, r_{0s} + 1)\, R_s + R_L}.$$

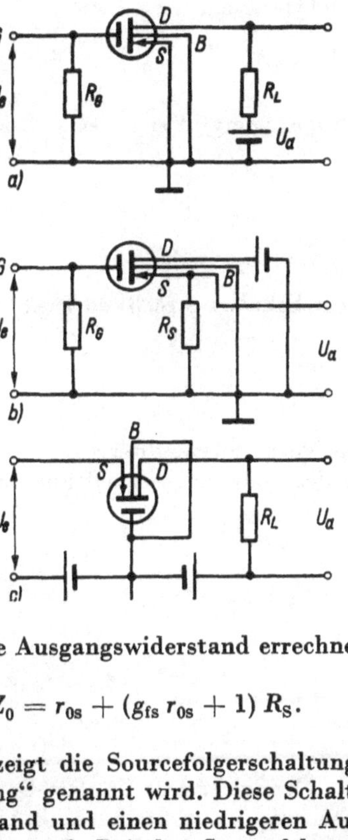

Abb. 95. Grundschaltungen für MOS-Feldeffekttransistoren

Der wirksame Ausgangswiderstand errechnet sich zu

$$Z_0 = r_{0s} + (g_{fs}\, r_{0s} + 1)\, R_S.$$

Abb. 95*b* zeigt die Sourcefolgerschaltung, welche auch mitunter „Drain-Basisschaltung" genannt wird. Diese Schaltungsart weist einen höheren Eingangswiderstand und einen niedrigeren Ausgangswiderstand als die Source-Basisschaltung auf. Bei der Sourcefolgerschaltung ist zwischen Ein- und Ausgangsspannung gleiche Phasenlage vorhanden. Die Spannungsverstärkung ist kleiner als 1. Diese Schaltungsart weist äußerst geringe Verzerrungen auf. Die Sourcefolgerschaltung entspricht also etwa der Katodenfolgerschaltung in der Röhrentechnik oder der Emitterfolgerschaltung der bipolaren Transistortechnik. Von dieser Schaltung macht man Gebrauch, wenn der Eingang der Schaltung kapazitätsarm aufgebaut werden soll. Weiterhin wird auf diese Schaltungsart zurückgegriffen, wenn eine möglichst hohe Eingangsspannung gewonnen werden soll. Selbstverständlich ist die Schaltung sehr gut als Impedanzwandlerschaltung geeignet. Die Spannungsverstärkung errechnet sich nach

$$A_F = \frac{g_{fs} R_S}{1 + g_{fs} R_S}.$$

Liegt der Widerstand R_G, wie es in Abb. 95*b* dargestellt ist, an Masse, so errechnet sich der Eingangswiderstand der Schaltung nach

$$R_e = R_G,$$

liegt jedoch R_G an der Sourceelektrode, so ergibt sich der wirksame Eingangswiderstand nach

$$R_e' = \frac{R_G}{1 - A_F}.$$

Ist der Belastungswiderstand dieser Schaltung reell, so ergibt sich die Eingangskapazität zu:

$$C_e = c_{gd} + (1 - A_F)\, c_{gs}.$$

Durch diese Gleichung kommt eine Verminderung der Eingangskapazität als Folge der inneren Gegenkopplung der Sourcefolgerschaltung zum Ausdruck.

Für den Ausgangswiderstand gilt

$$R_a = \frac{r_{0s} R_S}{r_{0s} + (1 + g_{fs} r_{0s}) R_S}$$

und für die Ausgangskapazität

$$C_a = c_{ds} + \frac{1 - A_F}{A_F} c_{gs}.$$

In Abb. 95*c* ist die Gate-Basisschaltung dargestellt. Die Gate-Basisschaltung entspricht der Gitter-Basisschaltung der Röhrentechnik. Sie weist einen niedrigen Eingangswiderstand auf, der etwa in der Größe des Ausgangswiderstandes der Sourcefolgerschaltung auftritt. Der Ausgangswiderstand ist hoch, die Spannungsverstärkung relativ niedrig. Diese Schaltungsart wird eingesetzt, wenn im HF-Bereich geringe Spannungsverstärkung erforderlich ist und eine Neutralisation umgangen werden soll. Für die Spannungsverstärkung gilt

$$A_G = \frac{(1 + g_{fs} r_{0s}) R_L}{r_{0s} + R_L + (1 + g_{fs} r_{0s}) R_G}.$$

f) Rauschen von Feldeffekttransistoren. Im HF-Bereich tritt das thermische Rauschen des Kanals auf. Hinzu kommt das thermische Rauschen des parasitären Sourcewiderstandes r_S', welches auf den Transistoreingang zurückgekoppelt wird und somit zur Verstärkung gelangt. Als weitere Rauschquellen sind der Gateleckstrom, das Rauschen der freien Ladungsträger im Kanal, das Rauschen des Gatestromes, das Rauschen des Drain-Source-Leckstromes und schließlich noch das Generations-Rekombinations-Rauschen zu nennen. Im NF-Bereich ist das f^{-n}-Rauschen maßgebend. Dieses f^{-n}-Rauschen tritt noch bei Frequenzen bis zu einigen MHz auf. Es entsteht durch zufälliges Schwanken der Elektronenzahl, die die Oberflächenfangstellen besetzt halten. Das Frequenzspektrum hängt von f nach der Funktion f^{-n} ab. Die Konstante n liegt zwischen 1 und 2. Bei MOS-Feldeffekttransistoren kann bis zu Frequenzen von 10 MHz das f^{-n}-Rauschen das thermische Rauschen überragen. Bei Feldeffekttransistoren mit verbundener Gateelektrode überwiegt bereits bei Frequenzen ab 100 Hz das thermische Rauschen.

2.7.2. *Messen der Parameter von Feldeffekttransistoren*

2.7.2.1. *Definitionen*

Abb. 96 zeigt die Schaltzeichen von Junction-Gate-Feldeffekttransistoren. Abb. 96*a* zeigt einen Junction-Gate-Feldeffekttransistor mit n-Kanal. Beim Transistor mit n-Kanal weist der Kanal Elektronenleitung auf, wogegen beim Transistor mit p-Kanal der Kanal Löcherleitung aufweist. Wie aus den Abbildungen 96*a* und *b* hervorgeht, werden bei beiden Typen die gleichen Strom- und Spannungs-Richtungspfeile in gleicher Richtung benutzt. Abb. 96*c* zeigt

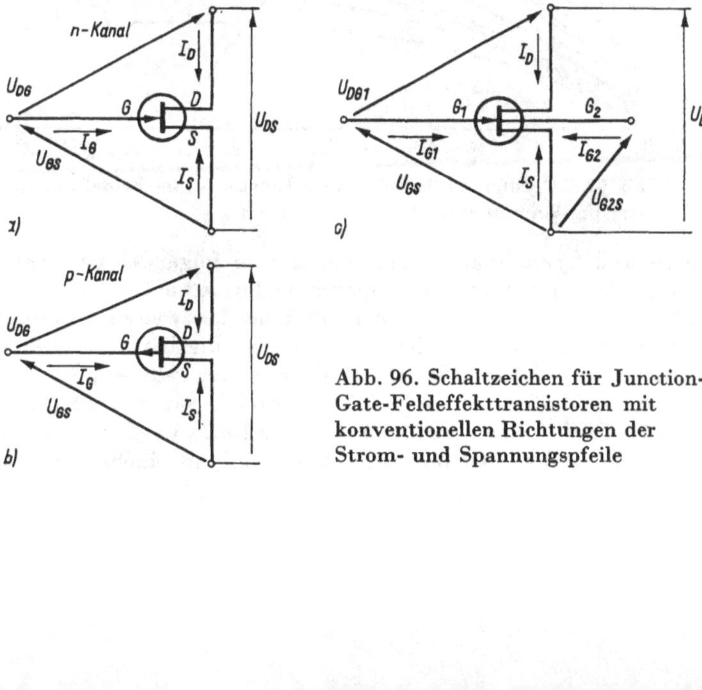

Abb. 96. Schaltzeichen für Junction-Gate-Feldeffekttransistoren mit konventionellen Richtungen der Strom- und Spannungspfeile

einen Junction-Gate-Feldeffekttransistor, der zwei Gateelektroden besitzt. Beide Elektroden sind im Transistor durch den Kanal getrennt und liegen sich gegenüber. In der Praxis ist häufig ein Strom- oder Spannungspfeil entgegen der in Abb. 96 gezeigten Richtung eingetragen. Ist dies der Fall, so muß er ein negatives Vorzeichen erhalten. Für n-Kanal-Transistoren angegebene Meßschaltungen lassen sich auch zum Messen von p-Kanal-Transistoren einsetzen, wenn die Polaritäten vertauscht werden. Zur Kennzeichnung der

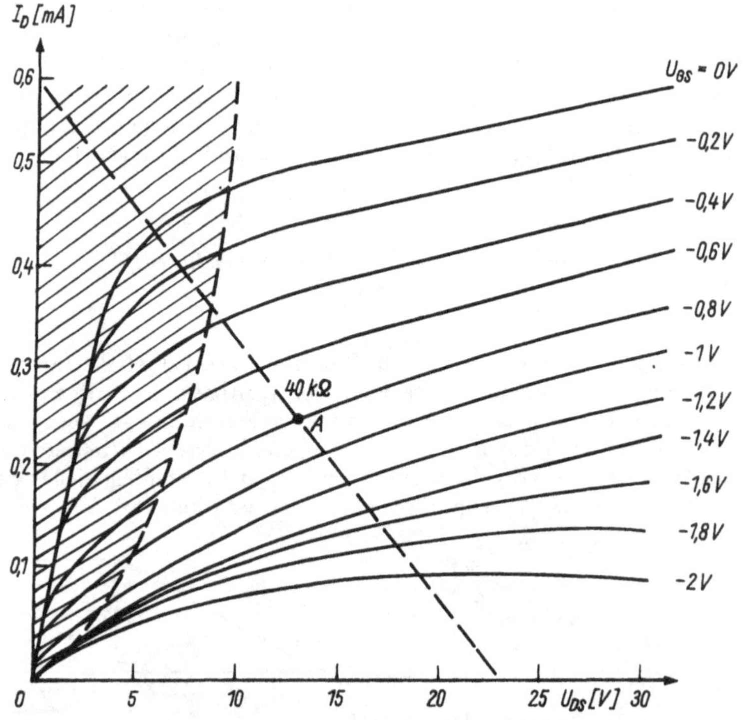

Abb. 97*a*. Draincharakteristik eines Junction-Gate-Feldeffekttransistors (Ausgangskennlinienfeld)

Strom- und Spannungsbezeichnungen muß folgendes bemerkt werden: Der erste Index zu Strom- und Spannungsformelbuchstaben kennzeichnet die Elektrode, an der gemessen wird, während der zweite Index die Referenzelektrode angibt. Der dritte Index deutet an, wie die dritte Elektrode beim Messen geschaltet ist. Wird die dritte Elektrode frei gelassen, so steht als dritter Index 0, wird sie jedoch mit der Referenzelektrode kurzgeschlossen, so lautet der Index S. Vielfach wird für den dritten Index auch R oder U eingesetzt. In einem solchem Falle ist die dritte Elektrode mit einem Widerstand oder mit einer Spannungsquelle verbunden. Ist die dritte Elektrode mit einem komplizierten Netzwerk verbunden, so wird als dritter Indexbuchstabe X eingesetzt. Momentanwerte von Strömen und Spannungen werden immer klein, hingegen reine Effektivgrößen und Gleichstrom- und Spannungsgrößen groß geschrieben.

Wechselstromparameter von Feldeffekttransistoren werden meist über die Kleinsignalmessung ermittelt, wobei der Transistor seine Vorspannung mit

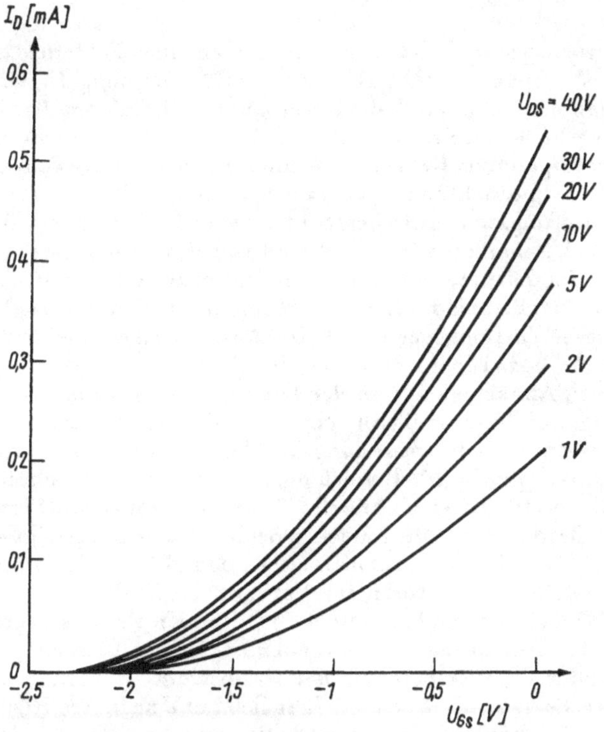

Abb. 97*b*. Draincharakteristik eines Junction-Gate-Feldeffekttransistors (Eingangskennlinienfeld)

einer überlagerten kleinen Wechselspannung erhält. Bezieht sich eine Messung auf die dritte Elektrode, so werden nur die Wechselstrombedingungen berücksichtigt. So bedeutet z. B. U_{dss} den Effektivwert der Wechselspannung zwischen der Drainelektrode und der Sourceelektrode, die bei wechselstrommäßigem Kurzschluß mittels Kondensator von Gate- und Sourceelektrode gemessen wird. Es ist vorteilhaft, wenn bei Wechselstrommessungen die Gleichstrombedingungen mit angegeben werden. Abb. 97 zeigt das Ausgangskennlinienfeld und Abb. 97*b* das Eingangskennlinienfeld eines Feldeffekttransistors mit n-Kanal. In Abb. 97*a* ist die Arbeitspunkteinstellung und der „pinch-off"-Bereich eingezeichnet.

2.7.2.2. *Gleichstrommessungen an Feldeffekttransistoren*

2.7.2.2.1. *Messen der „pinch-off"-Spannung*

Eine der wichtigsten Gleichstromkenngrößen eines Feldeffekttransistors ist die „pinch-off"-Spannung U_p. Die „pinch-off"-Spannung U_p läßt sich durch die Drainspannung oder durch die Gatespannung definieren. Die hier beschriebene Meßmethode macht von der Definition der „pinch-off"-Spannung durch die Gatespannung Gebrauch. Wenn die zwischen der Gateelektrode und dem Kanal in Sperrichtung wirksame Spannungsdifferenz zunimmt, dehnt sich die Entleerungszone zwischen beiden weiter aus, wodurch der Stromfluß im Kanal stark behindert wird. Ist diese Erscheinung weit genug fortgeschritten, so tritt der Zustand ein, daß im Kanal praktisch kaum noch Ladungsträger frei vorhanden sind. In diesem Moment ist die „pinch-off"-Bedingung erreicht. Dieser Zustand macht sich im Ausgangskennlinienfeld des Transistors dadurch bemerkbar, daß sich bei konstanter Gatevorspannung der Drainstrom in Abhängigkeit von der Drainspannung kaum noch ändert. Die Gatespannung, die notwendig ist, um den „pinch-off"-Zustand zu erreichen, nennt man die „pinch-off"-Spannung. In Abb. 97 wurden der Vor-„pinch-off"-Bereich und der „pinch-off"-Bereich dargestellt, wobei die schraffierte Fläche den Vor-„pinch-off"-Bereich darstellt, während die unschraffierte Fläche den „pinch-off"-Bereich darstellt. Zwischen beiden Bereichen erfolgt ein fließender Übergang. Die gezeigten Kennlinien lassen den Rückschluß zu, daß der Einsatz von Feldeffekttransistoren im Vor-„pinch-off"-Bereich als spannungsabhängige Widerstände und im „pinch-off"-Bereich als Verstärker möglich ist. Was aus Abb. 97 nicht mehr zu erkennen ist, ist die Tatsache, daß bei negativer werdender Gatevorspannung der Drainstrom I_D nicht vollkommen auf Null zurückgeht. Diese Erscheinung läßt sich auf eine innere Rückwirkung des Transistors zurückführen. Es ist deshalb nicht so einfach, eine eindeutige Messung der ‚pinch-off"-Spannung vorzunehmen. Eine gewisse Hilfe stellt deshalb folgende Meßmethode dar:

Die Gatevorspannung U_{GS} wird so eingestellt, daß der Drainstrom I_D sehr klein gegenüber dem normalen Arbeitsstrom wird. Er muß jedoch wesentlich größer sein als der Leckstrom. Dieser Fall tritt bei Feldeffekttransistoren meist bei einem Drainstrom $I_D = 1\ \mu A$ ein. Die Gatevorspannung für diesen Strom ist dann die „pinch-off"-Spannung U_p. Abb. 98 zeigt eine sehr einfache Meßschaltung zur Bestimmung von U_p. Mit Hilfe einer veränderlichen Spannungsquelle wird die Gatevorspannung U_{GS} so eingestellt, daß das Mikroamperemeter einen Drainstrom von 1 μA anzeigt. Die Spannung der veränderlichen Spannungsquelle wird von einem Spannungsmesser gemessen. Der angezeigte Wert bei einem Drainstrom von 1 μA ist die „pinch-off"-Spannung U_p. Abb. 99 zeigt eine Meßschaltung, bei der der Drainstrom I_D automatisch auf 1 μA eingestellt wird. Auf diese Weise läßt sich die „pinch-off"-Spannung sofort ablesen.

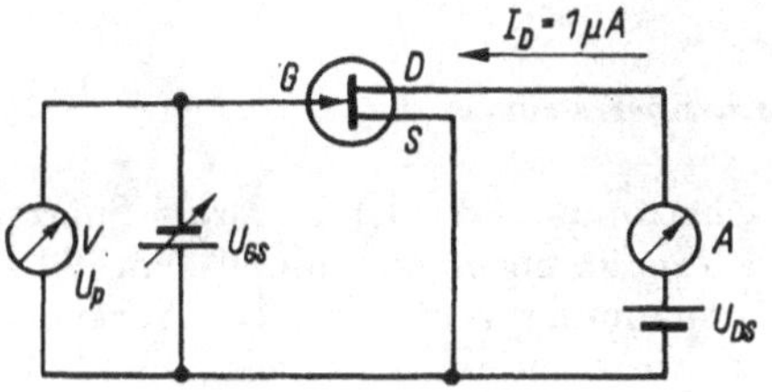

Abb. 98. Meßschaltung zur Bestimmung von U_p

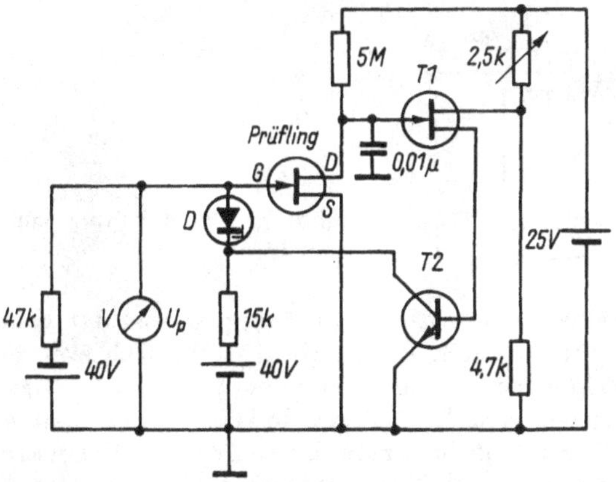

Abb. 99. Meßschaltung zum direkten Messen von U_p

2.7.2.2.2. *Drainstrommessung ohne Gatevorspannung*

Ein wichtiger Gleichstromwert des Feldeffekttransistors ist der Drainstrom bei 0 V Gatevorspannung. Das Symbol des Drainstromes ohne Gatevorspannung ist I_{DSS}. Dieser Strom wird unter natürlichen Bedingungen gemessen, die Gateelektrode also mit der Sourceelektrode kurzgeschlossen. Liegt im Drainstromkreis eine Spannungsquelle, so tritt längs des Kanales ein Spannungsabfall auf, wodurch zwischen Gateelektrode und Kanal eine Spannungsdifferenz entsteht, die mit steigender Drainspannung ansteigt. Diese Spannungsdifferenz wirkt wie eine von außen angelegte Gatevorspannung, was eine Überführung des Kanales in den „pinch-off"-Zustand zur Folge hat. I_{DSS} gibt an, daß es sich hier um den Drainstrom handelt, der bei Kurzschluß zwischen Source- und Gateelektrode gemessen wurde. Bei der Messung muß die Drainspannung U_{DS} möglichst tief im „pinch-off"-Bereich liegen, denn nur dann ist gewährleistet, daß der Sättigungsstrom eingetreten oder der Drainstrom einen relativ konstanten Wert angenommen hat. Abb. 100 zeigt die Meßschaltung.

2.7.2.2.3. *Messen des Drain-Sperrstromes*

Ein weiterer wichtiger Gleichstrommeßwert ist der Drain-Sperrstrom $I_{D(OFF)}$ Beim Messen der „pinch-off"-Spannung nach Abb. 98 bzw. 99 wird, wie bereits geschildert, die Gatevorspannung verändert. Die Veränderung wird so lange durchgeführt, bis der Drainstrom einen festgelegten Wert erreicht hat.

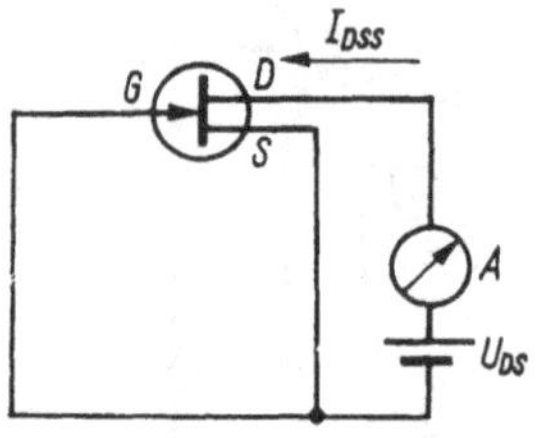

Abb. 100. Meßschaltung zur Bestimmung von I_{DSS}

Wird durch Erhöhung der negativen Gatevorspannung der Kanal des Transistors noch weiter entleert, so kann der Drainstrom noch weiter absinken, bis er anschließend auf Grund der zunehmenden Leckströme wieder etwas zunimmt. Der Drainsperrstrom $I_{D(OFF)}$ wird bei einer Gatevorspannung gemessen, die etwas größer ist als die zum Erreichen des Drainstromminimums erforderliche Gatevorspannung. Man wählt in der Praxis Werte, die etwa 1 V größer sind als die zu erwartende „pinch-off"-Spannung U_p. Abb. 101 zeigt die Meßschaltung.

2.7.2.2.4. *Messen des Gate-Drain-Leckstromes*

Polt man die Gate-Kanal-Verbindung in Sperrichtung, so tritt ein Leckstrom zwischen Gateelektrode und Drainelektrode auf. Des weiteren tritt ein Leckstrom zwischen Gate- und Sourceelektrode auf. Der Gate-Leckstrom wird mit I_{GD0} bezeichnet. Dieser Strom ist einer der Ströme, die den Eingangswiderstand des Feldeffekttransistors begrenzen. Die durch den Gatekreis fließenden Leckströme bestimmen vornehmlich den Gleichstrom-Eingangswiderstand des Transistors. Bei Junction-Gate-Feldeffekttransistoren fließen hier Leckströme, da Gateelektrode und Kanal bei normalen Betriebsbedingungen eine pn-Verbindung, in Sperrichtung gepolt, darstellen. Es handelt sich hier also um Dioden-Sperrströme. Dabei entsteht der größte Spannungsabfall an der Diode Gateelektrode/Drainelektrode. Die Sourceelektrode wird bei der Messung des Gate-Drain-Leckstromes nicht angeschlossen. Ein weiterer kleiner Leckstrom fließt noch zusätzlich über den hohen Kanalwiderstand. Der Gate-Drain-Leckstrom I_{GD0} weist eine starke Temperaturabhängigkeit auf. Abb. 102 zeigt die Meßschaltung.

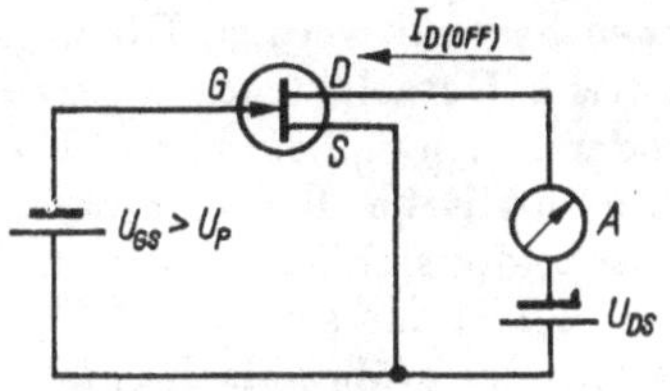

Abb. 101. Meßschaltung zur Bestimmung von I_D

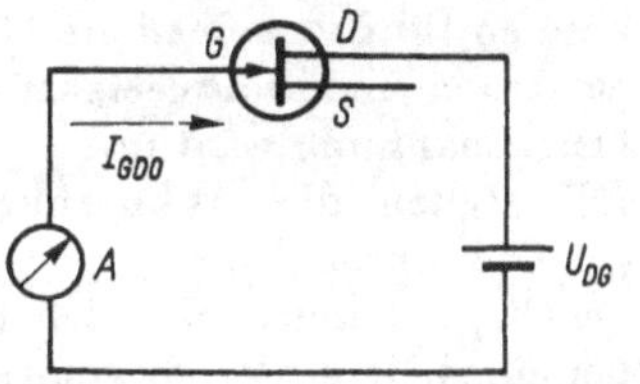

Abb. 102. Meßschaltung zur Bestimmung von I_{GD0}

2.7.2.2.5. *Messen des Gate-Source-Leckstromes*

Das Symbol I_{GS0} steht für den Gate-Source-Leckstrom. Dieser Strom wird mittels einer Meßschaltung gemäß Abb. 103 ermittelt. Der Drainanschluß bleibt bei der Messung unbeschaltet. Bei dieser Messung wird vornehmlich der Sperrstrom der Diode am Sourceende des Kanals gemessen. Auch dieser Strom ist stark temperaturabhängig.

2.7.2.2.6. *Messen des Gesamtleckstromes*

Der Gesamtleckstrom I_{GSS} wird so gemessen, daß man die Drainelektrode mit der Sourceelektrode kurzschließt. Der gemessene Gesamtleckstrom ist etwas kleiner als die Summe aus Gate-Drain-Leckstrom plus Gate-Source-Leckstrom. Bei einer Temperatursteigerung um 10 °C verdoppelt sich I_{GSS}. Die Meßschaltung zeigt Abb. 104.

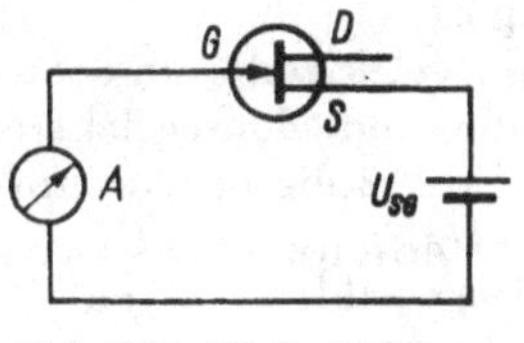

Abb. 103. Meßschaltung zur Bestimmung von I_{GS0}

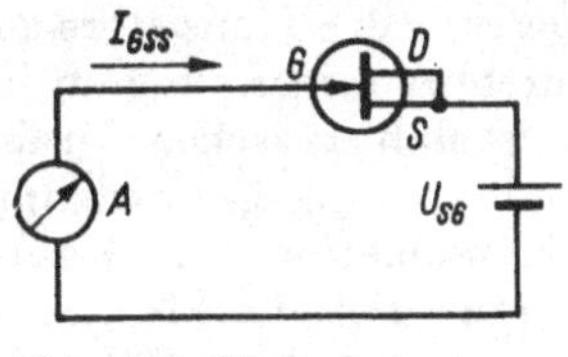

Abb. 104. Meßschaltung zur Bestimmung von I_{GSS}

2.7.2.2.7. Messen der Durchbruchspannung

Hinsichtlich des Durchbrucheffektes verhalten sich die pn-Übergänge eines Feldeffekttransistors wie Dioden. Zum Spannungsdurchbruch kann es im Feldeffekttransistor an verschiedenen Stellen kommen. In erster Linie tritt der Spannungsdurchbruch jedoch am Drainende des Kanales auf, weil dort die größten Spannungsunterschiede bei normalen Arbeitsbedingungen auftreten. Es gibt mehrere Möglichkeiten, das Durchbruchsverhalten von Feldeffekttransistoren durch Spannungsangaben auszudrücken. Insgesamt können fünf verschiedene Definitionen benutzt werden. Die zwischen Drainelektrode und Sourceelektrode bei freier Gateelektrode auftretende Durchbruchspannung wird mit $U_{BR\,(DS0)}$ oder $U_{BR\,(SD0)}$ bezeichnet. Die Buchstaben BR stellen die Abkürzung für die englische Bezeichnung „breakdown" (= Durchbruch) dar. $U_{BR\,(DS0)}$ unterscheidet sich kaum von anderen Durchbruchspannungen, die sich jedoch bequemer messen lassen. $U_{BR\,(DS0)}$ müßte bei einem Drainstrom gemessen werden, der größer als I_{DSS} ist. Dieser große Strom ist notwendig, damit der Betrieb im an den „pinch-off"-Bereich anschließenden Durchbruchbereich gesichert ist. Bei verschiedenen Typen von Feldeffekttransistoren würde eine Wärmeverlustleistung auftreten, die die Grenzwerte übersteigt.

Derselbe Nachteil ergibt sich bei der Messung der Durchbruchspannung $U_{BR\,(DSS)}$ oder $U_{BR\,(DGS)}$, die zwischen der Drainelektrode und der Sourceelektrode bei Kurzschluß der Sourceelektrode und Gateelektrode bestimmt wird.

Die günstigste Meßmethode für die Praxis zur Bestimmung der Durchbruchspannung $U_{BR\,(GD0)}$ oder $U_{(BR\,GD0)}$ zwischen der Drainelektrode und der Gateelektrode bei unbeschalteter Sourceelektrode ist eine Meßmethode, die am Prüfling die kleinste Wärmeverlustleistung auftreten läßt. Bei normalen Betriebsbedingungen eines Feldeffekttransistors vom Entleerungstyp setzt sich zwischen Drainelektrode und Gateelektrode die Spannung aus U_{DS} und U_{GS} zusammen. Der Summe dieser beiden Spannungen wird durch $U_{BR\,(GD0)}$ eine Grenze gesetzt. Bei freier Sourceelektrode fließt ein vernachlässigbarer Strom, bevor der Durchbruch beginnt. $U_{BR\,(GS0)}$ und $U_{BR\,(SG0)}$ kennzeichnen die Durchbruchspannung zwischen der Gateelektrode und der Sourceelektrode bei offener Drainelektrode. Bei normaler Betriebsweise des Transistors bildet die Durchbruchspannung keine Begrenzung. Die Höhe dieser Durchbruchspannung liegt beträchtlich über dem Wert der „pinch-off"-Spannung, die zur Sperrung des Transistors notwendig ist.

Die Durchbruchspannung zwischen Gateelektrode und Sourceelektrode beim Kurzschluß zwischen Drainelektrode und Suorceelektrode wird mit $U_{BR\,(GSS)}$ oder $U_{BR\,(GDS)}$ bezeichnet. Das Messen dieser Durchbruchspannung ist eine Kombination der Messung von $U_{BR\,(GD0)}$ und $U_{BR\,(SG0)}$. Bei dieser Messung ergibt sich der kleinere Wert dieser beiden Größen. Da $U_{BR\,(SG0)}$ in den meisten Anwendungsfällen keine begrenzende Größe darstellt, ist die Bestimmung nicht unbedingt erforderlich.

Bei Feldeffekttransistoren, die in symmetrischen Schaltungen eingesetzt werden, tritt an Stelle von $U_{BR\,(DG0)}$ die Durchbruchspannung $U_{BR\,(GSS)}$. Abb. 105 zeigt die Meßschaltung zur Bestimmung der Durchbruchspannung $U_{BR\,(DR0)}$ oder $U_{BR\,(RDS)}$. Die im Drainstromkreis liegende Konstantstromquelle liefert den Drainstrom I_D. Die Durchbruchspannung wird mittels eines Röhrenvoltmeters gemessen.

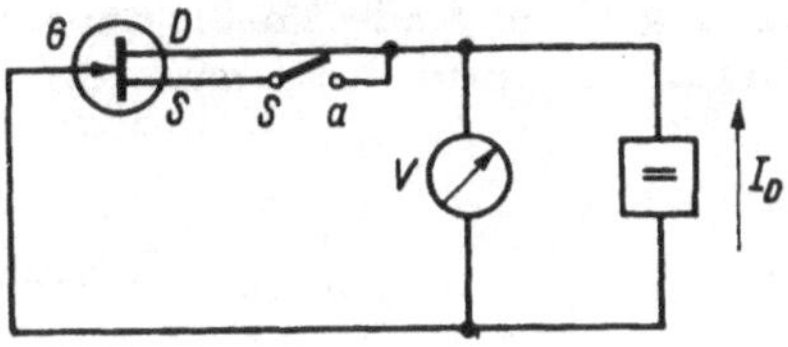

Abb. 105. Meßschaltung zur Bestimmung von $U_{BR\,(GD0)}$ und $U_{BR(GDS)}$

2.7.2.3. *Wechselstrommessungen an Feldeffekttransistoren*

Die nachfolgend geschilderten Meßmethoden lassen die Bestimmung der Kleinsignal-Wechselstromparameter von Feldeffekttransistoren zu. Bei der Kleinsignalparameter-Bestimmung tritt die Ähnlichkeit des Feldeffekttransistors mit Elektronenröhren bei einigen Eigenschaften hervor.

2.7.2.3.1. *Messen des Vorwärts-Übertragungsleitwertes*

Der Vorwärts-Übertragungsleitwert wird mit g_{fs} bezeichnet. Wie Abb. 97 *a*, S. 86, zeigt, besteht eine unverkennbare Ähnlichkeit des Drain-Kennlinienfeldes eines Feldeffekttransistors zum Kennlinienfeld einer Röhrenpentode. Der Übertragungsleitwert g_m einer Pentode ist eine wichtige Wechselstromkenngröße, die in der Katoden-Basisschaltung gemessen und meist als Steilheit S bezeichnet wird. Das Analoge zum Feldeffekttransistor ist der Vorwärts-Übertragungsleitwert g_{fs}. Gemessen wird g_{fs} in der Source-Basisschaltung.

Der Vorwärts-Übertragungsleitwert ergibt sich bei jeder Arbeitspunkteinstellung als das Verhältnis eines kleinen Drainstromzuwachses zu der für diesen Effekt benötigten kleinen Gatespannungsänderung. Der Vorwärts-Übertragungsleitwert g_{fs} ist somit das Maß für die Abhängigkeit einer Drainstromänderung von einer Gatespannung. Der Vorwärts-Übertragungsleitwert wird bei sehr niedrigen Frequenzen gemessen. Auf Grund der niedrigen Meßfrequenz wird erreicht, daß keine Verfälschungen durch Kapazitäten bei der Messung auftreten. Bei der Messung wird in den Drainstromkreis ein kleiner Widerstand eingefügt, der die Drainelektrode fast wechselspannungsfrei hält.

Um den Arbeitspunkt des Feldeffekttransistors während der Messung von g_{fs} festzulegen, bieten sich zwei Möglichkeiten an. Man kann die Messung bei der Gatevorspannung Null durchführen, wobei die Drainspannung weit im „pinch-off"-Bereich liegt. Somit erhält man den größten Wert für den Vorwärts-Übertragungsleitwert g_{fs}. Dieser Wert kann jedoch für den gewählten Arbeitspunkt nicht aussagekräftig sein, wenn nicht sehr kleine Signale benutzt wurden und die Gatevorspannung Null blieb. Die Meßschaltung zu dieser Meßmethode zeigt Abb. 106. Für den Arbeitswiderstand R_1 muß $R_1 \ll r_{ds}$ gelten (r_{ds} = Drainwiderstand des Transistors).

Abb. 107 zeigt die Meßschaltung zu folgender Meßmethode: Durch entsprechende Wahl der Gatevorspannung wird der Drainstrom I_D auf einen

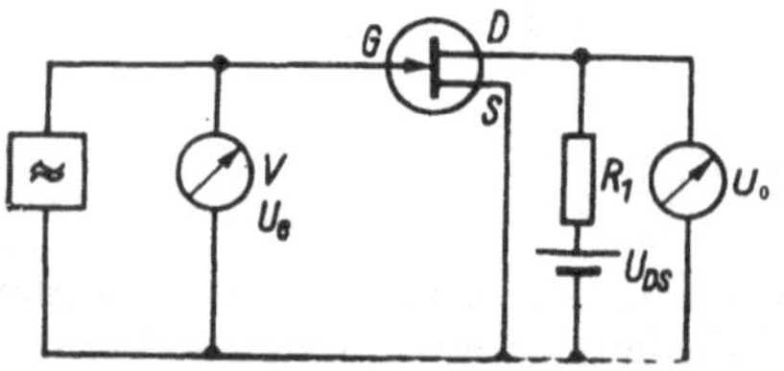

Abb. 106. Meßschaltung zur Bestimmung von g_{fs}

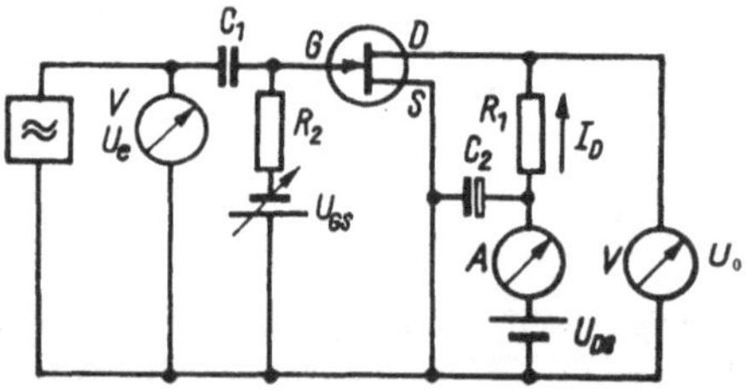

Abb. 107. Meßschaltung zur Bestimmung von g_{fs} bei festem Drainstrom

bestimmten Wert gebracht. Der Wert der Drainspannung U_{DS} muß wiederum tief im „pinch-off"-Bereich liegen. C_1 dient der gleichstrommäßigen Abriegelung der Wechselspannungsquelle, die eine 1-kHz-Spannung liefert. Mit C_2 werden das Instrument und die Drainspannungsquelle wechselstrommäßig überbrückt. Der Arbeitswiderstand R_1 muß wiederum klein gegen r_{ds} sein. Mit R_2 wird ein Kurzschluß der Eingangswechselspannung über die Spannungsquelle U_{GS} vermieden. Bei den geschilderten Meßmethoden wird g_{fs} durch Quotientenbildung erhalten:

$$g_{fs} = \frac{U_0'}{R_1 U_e}.$$

Hierin bedeuten U_0 die Ausgangswechselspannung der Meßschaltung und U_e die am Transistoreingang auftretende Wechselspannung.

Einen wesentlich größeren Aufwand erfordert die Meßschaltung nach Abb. 108. Diese Meßschaltung ermöglicht die Direktablesung des Meßwertes, so daß die genannte Gleichung nicht aufgestellt und ausgerechnet werden muß. Es lassen sich mit Hilfe dieser Meßschaltung Übertragungsleitwerte von 0,01 bis 10 mS bestimmen. Die Meßschaltung erlaubt bei optimaler

Dimensionierung eine hohe Meßgenauigkeit. Die Meßwechselspannung wird dem Netz entnommen. Der Schalter S_1 kennt die Schaltstellungen e (Eichen) und m (Messen).

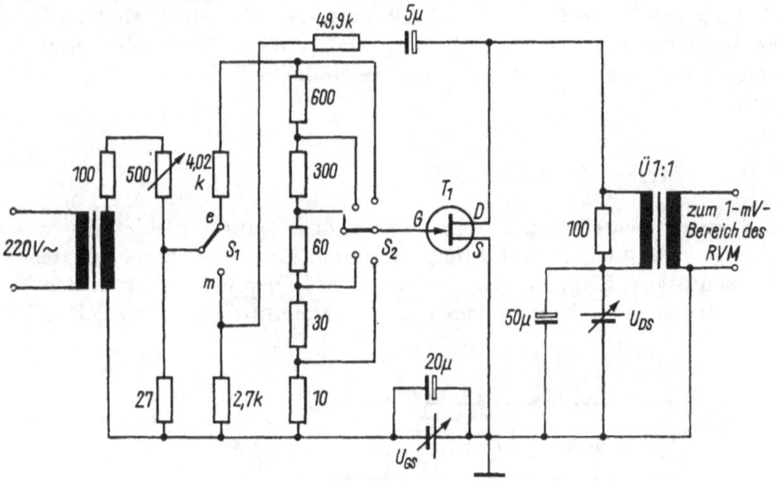

Abb. 108. Meßschaltung zur Bestimmung von g_{fs}

2.7.2.3.2. *Messen des Drainwiderstandes*

Der Drain-Source-Widerstand r_{ds} wird mit Hilfe der Meßschaltung nach Abb. 109 ermittelt. Zu dieser Meßmethode ist folgendes zu bemerken:

Der Ausgangswiderstand eines Feldeffekttransistors in Source-Basisschaltung wird in erster Näherung durch die reziproke Steigung der Kurven im

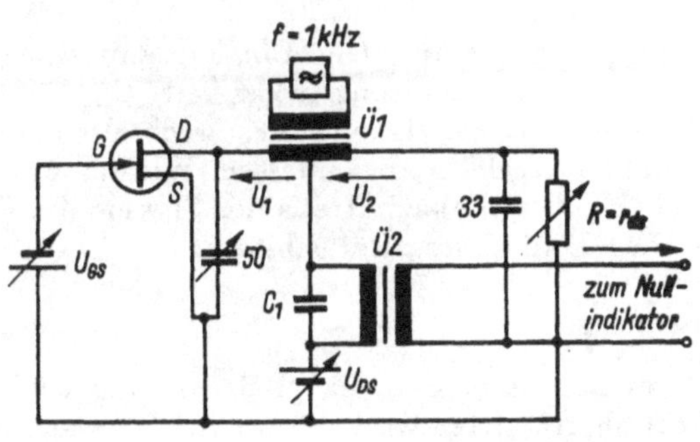

Abb. 109. Brückenschaltung zur Bestimmung des Drainwiderstandes r_{ds}

Drain-Kennlinienfeld (Abb. 97*a*, S. 86) gekennzeichnet. Der Drainwiderstand r_{ds} ist also das Verhältnis einer zwischen Drain- und Sourceelektrode angelegten Wechselspannung zum resultierenden Ausgangswechselstrom. r_{ds} läßt sich graphisch aus dem Drain-Kennlinienfeld ermitteln. Die elektrische Ermittlung erfolgt mit Hilfe eines Ohmmeters oder einer Meßbrücke. Eine solche Meßbrücke ist in Abb. 109 dargestellt. Wenn die beiden Spannungen U_1 und U_2 gleich groß sind, dann ist die Meßbrücke für $R = r_{ds}$ im Gleichgewicht.

2.7.2.3.3. Messen der Kapazitäten

Das etwas vereinfachte Ersatzschaltbild eines Feldeffekttransistors zeigt Abb. 110. Wie die Abbildung erkennen läßt, sind zwischen den Transistoranschlüssen Kapazitäten verteilt. Das Frequenzverhalten des Transistors wird vor allen Dingen von diesen Kapazitäten bestimmt. Das Ersatzschaltbild gilt für NF-Kleinsignale mit ausreichender Genauigkeit. Es ist in der Praxis recht schwierig, diese parasitären Kapazitäten mit großer Genauigkeit zu messen, da sie nur sehr niedrige Werte aufweisen. Bei dieser Messung sehr genaue Werte anzustreben, hat auch wenig Sinn, da die Kapazitäten der Elektrodenzuleitung etwa in derselben Größenordnung liegen wie die der parasitären Kapazitäten. Die Messungen selbst können mit Kapazitätsmeßbrücken durchgeführt werden. Da bei Feldeffekttransistoren alle Kapazitäten vom gewählten Arbeitspunkt abhängig sind, muß stets der Arbeitspunkt mit angegeben werden. Auch die Angabe der gewählten Meßfrequenz ist zweckmäßig.

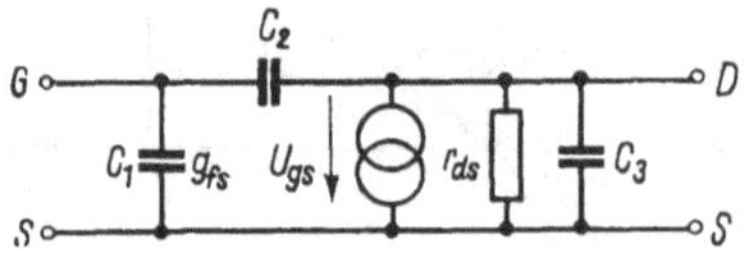

Abb. 110. Wechselstromersatzschaltbild eines Junction-Gate-Feldeffekttransistors

a) Bestimmung der Eingangskapazität. Die Eingangskapazität eines Feldeffekttransistors in Source-Basisschaltung wird mit C_{gss} bezeichnet. Sie wird zwischen Gate- und Sourceelektrode bei wechselstrommäßig kurzgeschlossener Drain- und Sourceelektrode gemessen. Wie das Ersatzschaltbild erkennen läßt, wird die Eingangskapazität aus der Summe der Gate-Source-Kapazität C_1 und der Gate-Drain-Kapazität gebildet:

$$C_{gss} = C_1 + C_2.$$

Bei der Messung ist zu beachten, daß die Meßspannung 0,05... 0,1 V am Transistoreingang nicht überschritten wird. Abb. 111 zeigt eine entsprechende Meßanordnung zur Bestimmung von C_{gss}.

Die derart bestimmte Eingangskapazität eines Transistors ist mit der Eingangskapazität eines Transistors, der als Eingangsstufe in einer Schaltung funktioniert, keinesfalls gleichzusetzen. Bei der Source-Basisschaltung tritt der aus der Röhrentechnik bekannte Effekt der Anodenrückwirkung auf. Beim Feldeffekttransistor ist es die Gate-Drain-Komponente C_2 der Kapazität

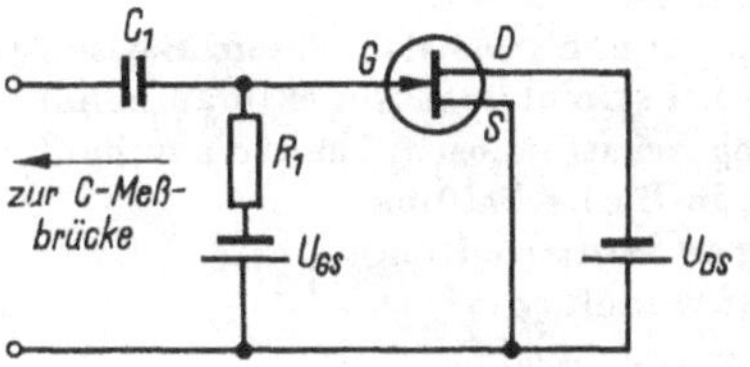

Abb. 111. Gatevorspannungserzeugung beim Messen von C_{ges}

C_{gss}, die am Eingang der Transistorstufe, multipliziert mit dem Verstärkungsfaktor der Stufe, auftritt. In der Praxis ist es also so, daß die Eingangskapazität eines Feldeffekttransistors in der Schaltung um eine Größenordnung über G_{gss} liegen kann.

b) Messen der Ausgangskapazität. Schließt man in Abb. 110 den Gate- mit dem Sourceanschluß kurz, so kann man die Kapazität zwischen dem Drain- und Sourceanschluß unter Kleinsignalbedingungen messen. Es gilt dann

$$C_{dss} = C_2 + C_3.$$

C_{dss} ist also die Ausgangskapazität des Feldeffekttransistors.

c) Messen der Source-Gate-Kapazität. Die Source-Gate-Kapazität C_{gs0} wird bei freibleibender Drainelektrode gemessen. Spannt man die Gateelektrode mit einer Spannung $> U_p$ vor, so ist der Kanal fast völlig frei von freien Ladungsträgern, so daß die Drainelektrode von der Sourceelektrode isoliert wird. Die Kapazitätsmessung ergibt dann

$$C_{gs0} \approx C_1.$$

(C_1 gemäß Ersatzschaltbild).

d) Messen der Gate-Drain-Kapazität. Die Gate-Drain-Kapazität wird zwischen der Gate- und der Drainelektrode gemessen. Die Messung wird im „pinch-off"-Zustand des Transistors durchgeführt. Die Kapazität ergibt sich dann zu

$$C_{gd0} \approx C_2$$

(C_2 gemäß Ersatzschaltbild) [14—17].

2.8. *Zusammenstellung der im Abschnitt 2 verwendeten Symbole*

Spannungen:

$-U_{CE}$	Kollektor-Emitter-Gleichspannung
$-U_{BE}$	Basis-Emitter-Gleichspannung
$-U_{CE0}$	Kollektor-Emitter-Gleichspannung bei stromlosem Basisanschluß
$-U_{EB0}$	Emitter-Basis-Spannung bei stromlosem Kollektoranschluß
$-U_{CB0}$	Kollektor-Basis-Spannung bei stromlosem Emitteranschluß
U_{EB}	Basis-Emitter-Spannung in Basisschaltung
$-U_{CB}$	Kollektor-Basisspannung in Basisschaltung
$\hat{U}_{CE}$	Kollektor-Emitter-Spitzenspannung
u_{ce}	Kollektor-Emitter-Wechselspannung
u_{be}	Basis-Emitter-Wechselspannung
U_r	Leerlaufspannung (Rauschspannung)
U_{tot}	Rauschspannung
$\underline{U}_0$	Resonanzspannung eines Kreises
$\underline{U}_1$	Resonanzspannung eines mit einem Transistoreingang belasteten Kreises
$\underline{U}_{CE}$	Kollektorwechselspannung
$\underline{U}_{BE}$	Basiswechselspannung
U_B^+	Spannung an der Emittersperrschicht
U_T	Temperaturspannung
U_S	effektive Störspannung
U_{DG}	Drain-Gate-Spannung
U_{GS}	Gate-Source-Spannung
U_{DS}	Drain-Source-Spannung
U_p	„pinch-off"-Spannung
U_{dss}	Effektivwert der Wechselspannung zwischen Drain- und Sourceelektrode
$U_{BR(DS0)}$ oder $U_{BR(SD0)}$	Durchbruchspannung zwischen Drain- und Sourceelektrode bei freier Gateelektrode
$U_{BR(DSS)}$ oder $U_{BR(DGS)}$	Durchbruchspannung zwischen Drain- und Sourceelektrode bei Kurzschluß der Sourceelektrode mit der Gateelektrode
$U_{BR(DG0)}$ oder $U_{BR(GD0)}$	Durchbruchspannung zwischen Drain- und Gateelektrode bei freier Sourceelektrode
$U_{BR(GS0)}$ oder $U_{BR(SG0)}$	Durchbruchspannung zwischen Gate- und Sourceelektrode bei freier Drainelektrode
$U_{BR(GSS)}$ oder $U_{BR(GDS)}$	Durchbruchspannung zwischen Gate- und Sourceelektrode bei Kurzschluß zwischen Drain- und Sourceelektrode

Ströme:

$-I_C$	Kollektorgleichstrom
$-I_B$	Basisgleichstrom
I_E	Emittergleichstrom
$-I_{CB0}$	Kollektorreststrom in Basisschaltung bei stromlosem Emitter
$-I_{CB0}$	Kollektorreststrom in Emitterschaltung bei stromloser Basis

$-I_{EB0}$	Emitterreststrom in Basisschaltung bei stromlosem Kollektor
$-\hat{I}_C$	Kollektorspitzenstrom
$-\hat{I}_B$	Basisspitzenstrom
i_c	Kollektorwechselstrom
i_b	Basiswechselstrom
i_e	Emitterwechselstrom
I_{B1}	Basisstrom im Sättigungsbereich
I_{B2}	Basisstrom im ausgeschalteten Zustand des Transistors
I_{CS}	Schaltstrom
$\underline{I}_C$	Kollektorwechselstrom
I_D	Drainstrom
I_S	Sourcestrom
I_G	Gatestrom
I_{D0}	Kniestrom
I_{DSS}	Drainstrom ohne Gatevorspannung
$I_{D(OFF)}$	Drain-Sperrstrom
I_{GD0}	Gate-Leckstrom
I_{GS0}	Gate-Source-Leckstrom
I_{GSS}	Gesamtleckstrom

Widerstände:

R_0	Resonanzwiderstand
R_g	Generatorwiderstand
R_p	Parallelersatzwiderstand
kR_i	Realteil des Kreis-Innenwiderstandes
r_{bb}	Basis-Bahnwiderstand
kR_e	Realteil des Kreis-Eingangswiderstandes
r_{gs} und r_{gd}	Leckstromwiderstände
r_{0s}	Ausgangswiderstand in Source-Basisschaltung
Z_0	wirksamer Ausgangswiderstand
r_{ds}	Drainwiderstand

Leitwerte:

G_{kr}	Kreisleitwert
g_{ie}	Realteil des Transistor-Eingangsleitwertes
g_{oe}	Realteil des Transistor-Ausgangsleitwertes
$g_{b'c}$, $g_{b'c}$, g_m, g_{ce}	Leitwerte des Ersatzschaltbildes
g_{fs}	Vorwärts-Übertragungsleitwert

Kapazitäten:

$C_{b'c}$	Kollektor-Basis-Kapazität
$C_{b'e}$	Basis-Emitter-Kapazität
c_{gd} und c_{gs}	innere Kapazitäten des Feldeffekttransistors
C_e	Eingangskapazität

C_a	Ausgangskapazität
c_{gss}	Eingangskapazität
c_{dss}	Ausgangskapazität
c_{gso}	Source-Gate-Kapazität
c_{dgo}	Gate-Drain-Kapazität

Parameter:

	Emitter-schaltung	Basis-schaltung	Kollektor-schaltung
NF			
Eingangswiderstand	h_{11e}	h_{11b}	h_{11c}
Spannungsrückwirk.	h_{12e}	h_{12b}	h_{12c}
Stromverstärkung	h_{21e}	h_{21b}	h_{21c}
Ausgangsleitwert	h_{22e}	h_{22b}	h_{22c}
HF			
Kurzschluß-Eingangsleitwert	y_{ie}	y_{ib}	y_{ic}
Kurzschluß-Ausgangsleitwert	y_{oe}	y_{ob}	y_{oc}
Vorwärtssteilheit	y_{fe}	y_{fb}	y_{fc}
Rücksteilheit	y_{re}	y_{rb}	y_{rc}

Zeiten:

ε	Laufzeit der Ladungsträger
t_d	Verzögerungszeit
t_r	Anstiegszeit
t_s	Speicherzeit
t_f	Abfallzeit
t_e	Einschaltzeit
t_a	Ausschaltzeit
τ_R	Schaltzeitkonstante der Anstiegszeit
τ_F	Schaltzeitkonstante der Abfallzeit

Sonstige Symbole:

A_S	Spannungsverstärkung
A_F	Spannungsverstärkung einer Impedanzwandlerstufe
v_{cu}	Spannungsmischverstärkung
V_L	wirksame Verstärkung des Meßobjektes
$\bar{\beta}$	Gleichstromverstärkung in Emitterschaltung
$\bar{\alpha}$	Gleichstromverstärkung in Basisschaltung
β	Wechselstromverstärkung in Emitterschaltung
α	Wechselstromverstärkung in Basisschaltung
h_{FE}	Stromverstärkung, die mit I_B gerade den gewünschten Kollektorstrom I_{CS} ergibt

S	Steilheit
m_k	Kreuzmodulationsgrad
f_α	Grenzfrequenz in Emitterschaltung
f_β	Grenzfrequenz in Basisschaltung
f_1	Grenzfrequenz in Basisschaltung
f_m	Grenzfrequenz
Δf	Frequenzintervall
v_N	Leistungsverstärkung
N_L	abgegebene Leistung
v_t	Übertragungsgewinn
k	BOLTZMANNsche Konstante
T	Temperatur in °K
e	Elementarladung
F	Rauschzahl

3. Allgemeine Meßverfahren zur Bestimmung von Diodenkenndaten

In diesem Abschnitt sollen Meßverfahren zur Bestimmung von Diodenkennwerten dargestellt werden, wobei die Auswahl der Meßschaltungen unter besonderer Berücksichtigung von Laborbedingungen erfolgte. Es handelt sich bei den Meßschaltungen um solche, die sich in der Praxis bewährt und durchgesetzt haben.

3.1. Statische Messungen an Dioden

Abb. 112 zeigt eine typische Diodenkennlinie, aus der der große Innenwiderstand im Sperrbereich und der kleine Durchlaßwiderstand im Durchlaßbereich abgelesen werden kann. Entsprechend dieser Kennlinie unterscheiden sich die Meßmethoden zur Bestimmung im Durchlaß- oder Sperrbereich.

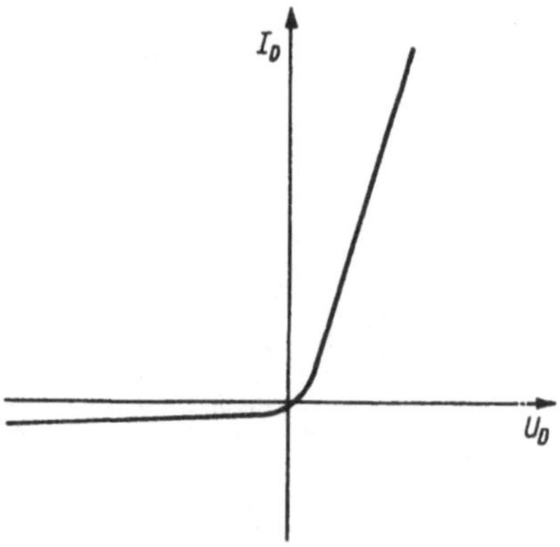

Abb. 112. Diodenkennlinie

3.1.1. Messung in Durchlaßrichtung

Die Diodenmessung in Durchlaßrichtung erfolgt gemäß der Meßschaltung in Abb. 113. Es wird hier das Prinzip der spannungsrichtigen Messung angewendet. Dabei muß das Voltmeter *V* genügend hochohmig (Röhrenvoltmeter) sein. Mit dem Potentiometer *R* wird der Belastungsstrom eingestellt.

Dabei ist unbedingt zu beachten, daß die Diode nicht thermisch überlastet wird. Es ist deshalb bei großen Strömen die Messung mit Impulsen zu empfehlen, während bei kleinen Strömen der Wärmeeinfluß (bis etwa 50 mA) nur sehr gering ist (Verringerung der Durchlaßspannung um etwa 2 ··· 3 mV/grd).

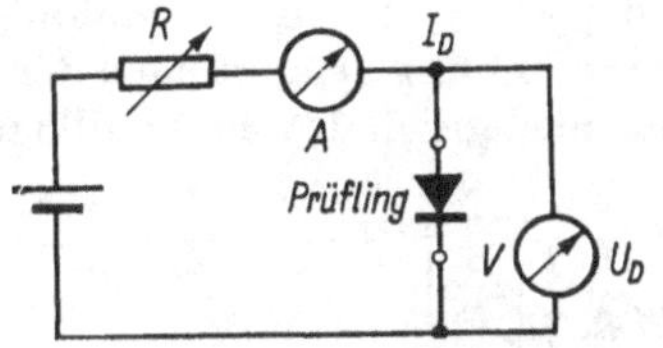

Abb. 113. Meßschaltung zur statischen Messung in Durchlaßrichtung

3.1.2. Messung in Sperrichtung

Bei der Diodenmessung in Sperrichtung wird von der stromrichtigen Messung Gebrauch gemacht. Abb. 114 zeigt die Meßschaltung. Die Meßspannung wird am Potentiometer R eingestellt. Bei Kurzschluß findet eine Strombegrenzung durch den Reihenwiderstand R_1 statt. Bei dieser Messung macht

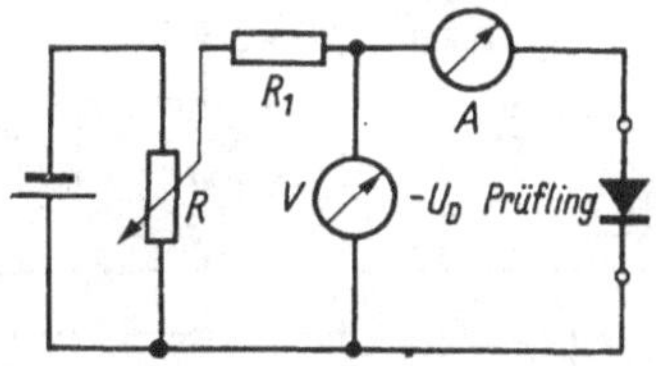

Abb. 114. Meßschaltung zur statischen Messung in Sperrichtung

sich eine starke Temperaturabhängigkeit bemerkbar, so daß auf die Einhaltung der Meßtemperatur gemäß den Herstellerunterlagen zu achten ist. Bei Germaniumdioden nimmt der Sperrstrom $-I_D$ exponentiell mit der Temperatur zu, während bei Siliziumdioden dieses exponentielle Verhalten nicht so stark zu bemerken ist, weil die kleinen Sättigungsströme von den Leckströmen überdeckt werden.

3.2. Dynamische Messungen an Dioden

3.2.1. Dynamische Messung der Durchlaß- und Sperrkennlinie

Während bei der statischen Messung der Durchlaß- und Sperrkennlinie diese punktweise graphisch aufgetragen werden muß, läßt sich bei der dynamischen Kennlinienaufnahme mittels eines Oszillographen der Kennlinienverlauf photographisch festhalten. Außer der eigentlichen Kennlinienaufnahme läßt sich beim Einsatz eines Oszillographen auch noch feststellen, ob die Kennlinie Hysteresis, Drift oder ein Flattern aufweist. Abb. 115 zeigt das Prinzipschaltbild eines Kennlinienmeßgerätes, mit dem sich die Sperr- und Durchlaßkennlinie ausmessen läßt. Der Meßvorgang ist folgender: Die vom Netztransformator abgegriffene Wechselspannung liegt an der zu prüfenden Diode. Diese Wechselspannung ist die $-U_d$, die am hochohmigen Verstärkereingang liegt. Die verstärkte Sperrspannung gelangt nach der Verstärkung an die Horizontalablenkplatten des nachgeschalteten Oszillographen. Der

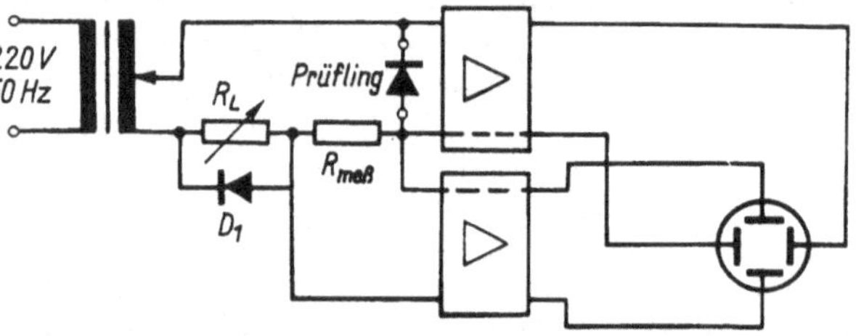

Abb. 115. Prinzipschaltbild eines Kennlinienmeßgerätes

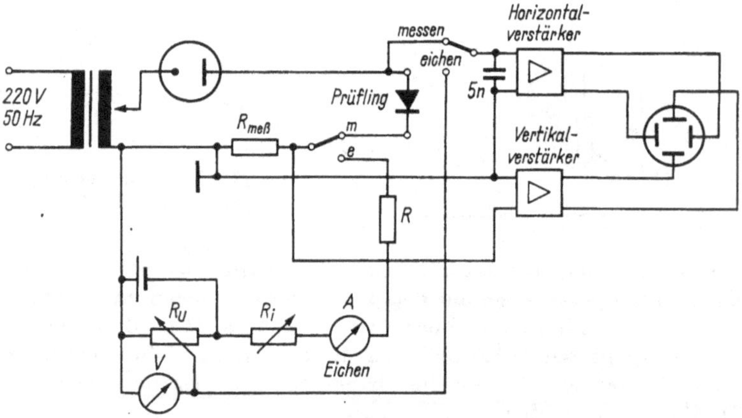

Abb. 116. Prinzipschaltbild eines Sperrkennlinienmeßgerätes

Diodendurchlaßstrom, der mit R_L eingestellt werden kann, erzeugt am Meßwiderstand $R_{meß}$ einen Spannungsabfall, der nach der Verstärkung an den Vertikalablenkplatten des Oszillographen liegt. Der Regelwiderstand R_L wird von der Diode D_1 überbrückt, was bei der Aussteuerung der Sperrkennlinie notwendig ist. Sperr- und Durchlaßbereich werden mit der Empfindlichkeit angezeigt, was hinsichtlich der Abbildungsgenauigkeit bei der Kennlinienaufnahme im Sperrbereich nachteilig ist. Es erscheint deshalb zweckmäßig, nur die Sperr- oder die Durchlaßkennlinie zu messen.

Abb. 116 zeigt eine etwas andere Meßschaltung, die eine Eichumschaltung aufweist. An der zu prüfenden Diode liegt in Sperrichtung eine Sinusspannung, deren Amplitude am Netztransformator eingestellt werden kann. Es erscheint bei dieser Schaltung die Halbwellenspannung an den Horizontalablenkplatten des Oszillographen. Der Sperrstrom $-I_d$ verursacht am Meßwiderstand $R_{meß}$ einen Spannungsabfall, der nach entsprechender Verstärkung die Strahlablenkung zwischen den Vertikalablenkplatten des Oszillographen verursacht. Die Meßeinrichtung läßt sich eichen, indem die Schalter in die Stellung „Eichen" gebracht werden. Die Eichspannungs- bzw. Eichstromwerte werden von den Instrumenten angezeigt, und die dazugehörige Amplitude wird vom Oszillographen abgebildet.

3.2.2. *Messen der Durchlaßkennlinie bei großen Durchlaßströmen*

Bei der Messung von großen Durchlaßströmen wird, um eine zu starke Erwärmung der Diode zu vermeiden, mit Impulsströmen gearbeitet. Abb. 117 zeigt eine entsprechende Meßschaltung. Mit Hilfe einer netzsynchronisierten Thyratron-Impulsgebeeinrichtung werden Stromimpulse aus dem Abschnitt einer positiven Sinushalbwelle an die Diode gegeben. Die Folgefrequenz der Impulse wird von der *RC*-Kombination im Gitterkreis der PL 5545 bestimmt.

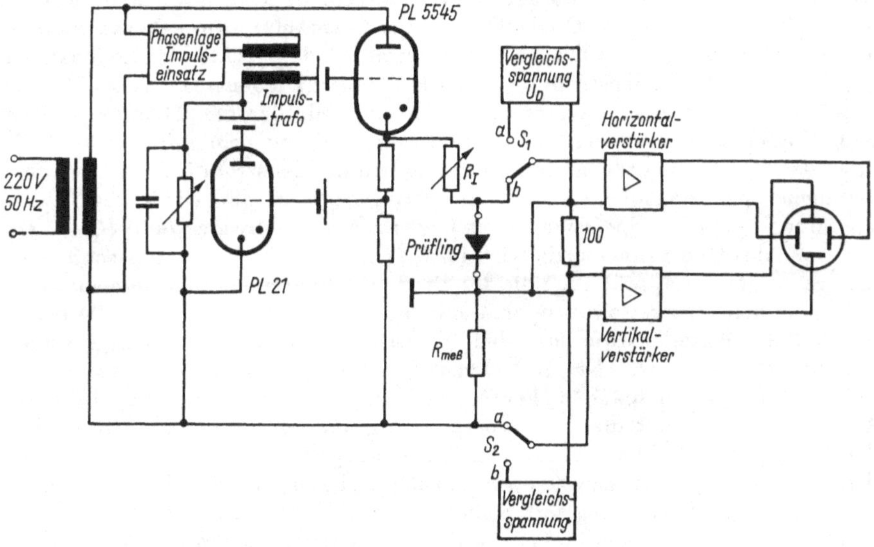

Abb. 117. Prinzipschaltbild eines Spitzenstromprüfgerätes für hohe Ströme

Die verstärkte Durchlaßspannung liegt an den Horizontalablenkplatten des Oszillographen. Vom Durchlaßstrom wird an $R_{meß}$ ein Spannungsabfall erzeugt, der an den Vertikalablenkplatten des Oszillographen liegt. Der 100-Ω-Widerstand zwischen den Masseleitungen der beiden Meßverstärker verhindert, daß ein großer Ausgleichstrom zwischen den beiden Verstärkern fließt, was zu Fehlmessungen führen würde. Eine Vergleichsspannung und ein Vergleichsstrom werden über eine Relaisschaltung eingeblendet und liefern während des Ablaufes der negativen Halbwelle Vergleichswerte für Strom und Spannung.

3.2.3. Messen der Übergangszeit

Der An- und Abtransport der beweglichen Ladungsträger in der Diode, bei der Umschaltung vom Durchlaß- in den Sperrbetrieb, bedarf einer endlichen Zeit, die das Übergangsverhalten der Diode bestimmt. Das Messen dieser Übergangszeit ist für den Einsatz von Dioden in Impulsschaltungen von großer Bedeutung. Die Zeit, die eine Diode zum Erreichen des vollen Sperrwiderstandes benötigt, wird als Übergangszeit bezeichnet. Die Umschaltung vom Sperr- zum Durchlaßbereich ist ebenfalls mit einer Übergangszeit behaftet, die aber in Impulsschaltungen von untergeordneter Bedeutung ist und in den nachfolgenden Behandlungen nicht besprochen werden soll. Das Übergangsverhalten einer Germaniumdiode zeigt Abb. 118. In Abb. 118 bedeuten links *a*) angelegte Spannung, *b*) Diodenstrom einer Germanium-Punktkontaktdiode, *c*) Diodenstrom einer Silizium-Punktkontaktdiode, rechts *a*) Diodenstrom $I_D = 10$ mA, *b*) Diodenstrom $I_D = 20$ mA und *c*) Diodenstrom $I_D = 30$ mA.

Abb. 119 zeigt eine Diodenmeßeinrichtung, mit der die Übergangszeiten von Dioden bestimmt werden können. Durch die zu prüfende Diode fließt über den Quecksilberrelaisschalter der Diodendurchlaßstrom i_d aus der niederohmigen Spannungsquelle U_D. Gleichzeitig liegt an der Diode die Sperrspannung $-U_D$. Im Sperrstromkreis liegt noch der Meßwiderstand $R_{meß}$. Der Kontakt des Quecksilberrelais wird im 50-Hz-Takt geöffnet und geschlossen. Bei geöffnetem Kontakt liegt an der Diode die Sperrspannung, und an $R_{meß}$ fällt eine dem Sperrstrom proportionale Meßspannung ab, die über die nachgeschaltete Katodenstufe auf den Eingang eines Gleichspannungsoszillographen gegeben wird. Die Katodenstufe setzt die das Meßergebnis verfälschende Eingangskapazität herab. Die in der Katodenleitung liegende Gleichspannung setzt die Gittervorspannung auf —1,5 V herab. Die beiden Dioden D_1 und D_2 dienen zusammen mit der regelbaren Spannungsquelle der Begrenzung der Impulsspitzen am Oszillograph, so daß eine Übersteuerung und somit eine Verzerrung mit Sicherheit vermieden wird. Der Oszillograph muß extern synchronisierbar sein, wobei die Synchronisation mit dem Öffnen des Quecksilberrelaiskontaktes erfolgt, wodurch die Zeit $t = 0$ auf dem

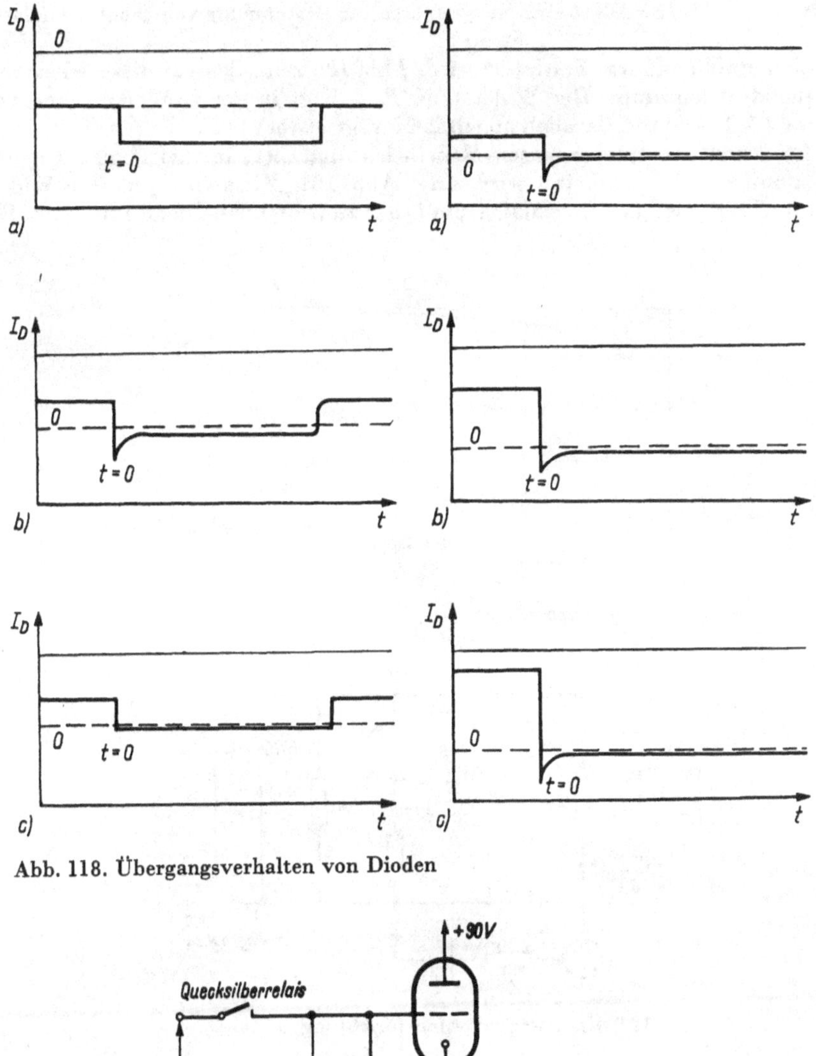

Abb. 118. Übergangsverhalten von Dioden

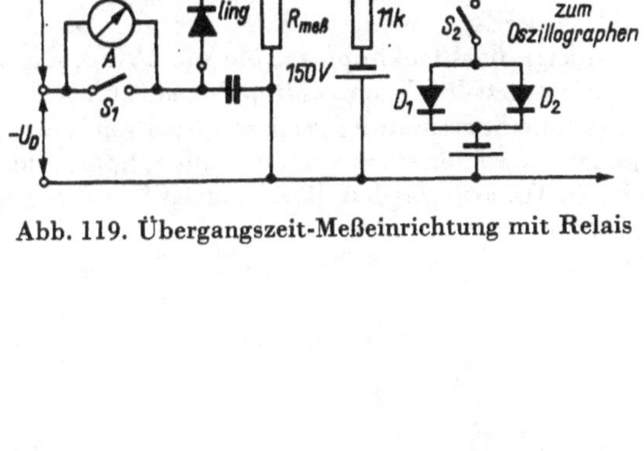

Abb. 119. Übergangszeit-Meßeinrichtung mit Relais

Oszillographenschirm bestimmt wird. Abb. 120 zeigt das auf diese Weise entstehende Diagramm. Der Widerstand $R_{meß}$ liegt in der Größenordnung von etwa 2 kΩ, und die Parallelkapazität beträgt etwa 12 pF.

Eine weitere Übergangszeit-Meßeinrichtung, bei der mit einer Impulsspannungsquelle gearbeitet wird, zeigt Abb. 121. Mit dem regelbaren Widerstand R läßt sich der Durchlaßstrom i_d der zu prüfenden Diode einstellen. Die

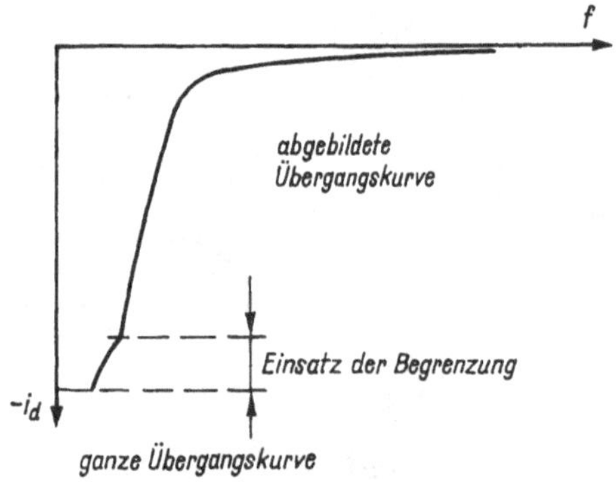

Abb. 120. Diagramm der Übergangszeit

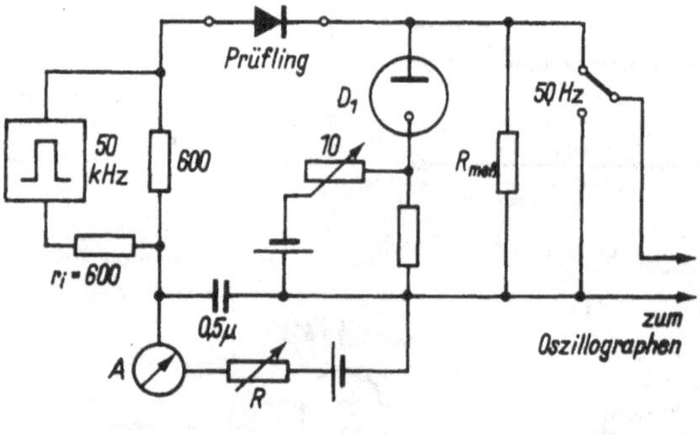

Abb. 121. Übergangszeit-Meßeinrichtung

Röhrendiode D_1 überbrückt den Meßwiderstand $R_{meß}$ für $+i_d$ und ist zwecks Überbrückung des Anlaufstromes leicht vorgespannt. Am 600-Ω-Widerstand liegen negative 50-kHz-Rechteckimpulse, die die Prüfdiode in Sperrichtung belasten. Die Anstiegszeit der Rechteckimpulse soll kleiner als 0,01 μs sein. Die Diode D_1 ist für die Sperrichtung gesperrt, über den Meßwiderstand $R_{meß}$ fließt der Übergangsstrom, der einen proportionalen Spannungsabfall erzeugt, der über den mit 50 Hz arbeitenden Relaiskontakt auf den Oszillographeneingang gegeben wird.

3.2.4. Messen der Durchbruchspannung

Die Durchbruchspannung ist die Sperrspannung, bei der der differentielle Wert des Diodenwiderstandes einen sehr kleinen Wert annimmt. Wird die Stromeinspeisung gemessen, so wählt man den eingespeisten Strom so groß, daß mit Sicherheit der scharf abknickende Teil der Sperrkennlinie erreicht wird. Abb. 122 zeigt den Kennlinienverlauf verschiedener Dioden. Abb. 123

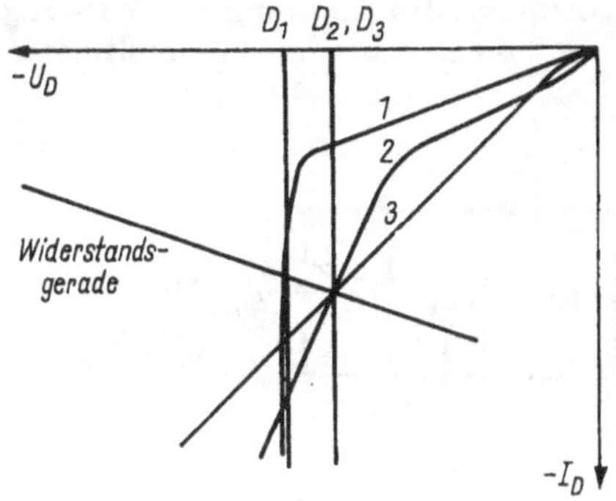

Abb. 122. Diagramm zur Durchbruchspannungsmessung

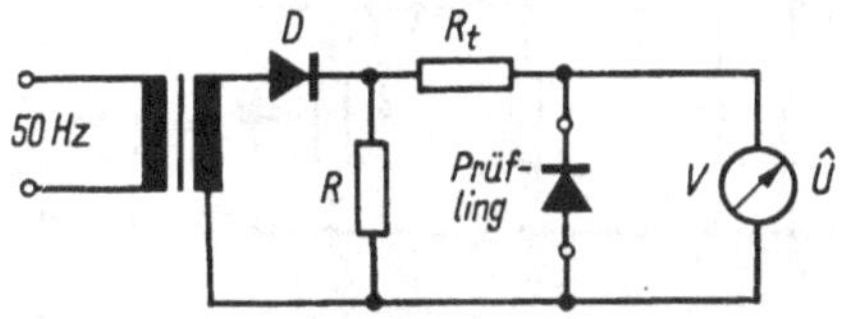

Abb. 123. Prinzipschaltung zur Durchbruchspannungsmessung

zeigt eine sehr einfache Meßschaltung, mit der unter Einbeziehung eines Spitzenspannungsmessers die Durchbruchspannung gemessen werden kann. An der zu prüfenden Diode liegt über den Widerstand R_t eine Sinushalbwellenspannung in Sperrichtung. Der Eingangswiderstand des Spitzenspannungsmessers soll groß gegenüber dem Sperrwiderstand der Diode sein. Da die Temperaturverhältnisse stark die Messung beeinflussen, sollen die Herstellerangaben unbedingt beachtet werden.

3.3. Hochfrequenzmessungen an Dioden

Die Praxis zeigt, daß Dioden, die als Hochfrequenzdemodulatoren eingesetzt werden, stets unter Berücksichtigung der Betriebsart, unter denen sie eingesetzt werden, zu untersuchen sind.

3.3.1. Messung des Wirkungsgrades

Der Wirkungsgrad η stellt das Verhältnis der abgegebenen Gleichspannung zum Spitzenwert der eingespeisten Wechselspannung dar:

$$\eta = \frac{U_0}{U_i}.$$

In Abb. 124 ist das Meßprinzip zur Bestimmung des Wirkungsgrades dargestellt. Als Spannungsmesser soll möglichst ein Röhrenvoltmeter mit geringer

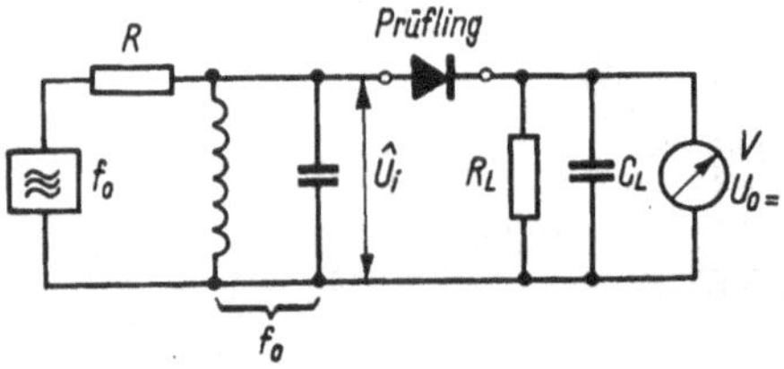

Abb. 124
Prinzipschaltbild zur Wirkungsgradmessung

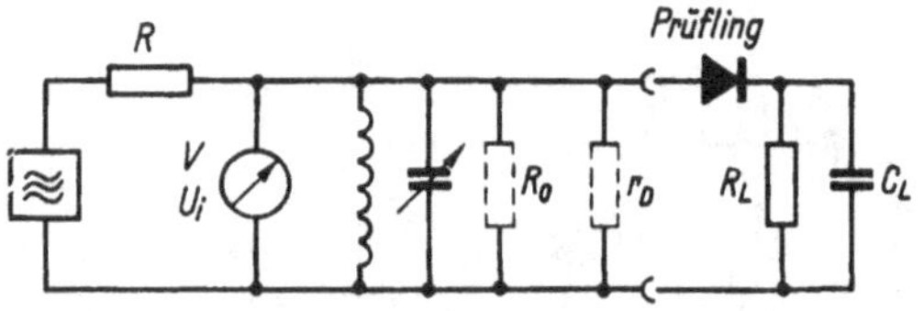

Abb. 125
Prinzipschaltbild zur Dämpfungsmessung

Eingangskapazität eingesetzt werden, da sonst der Abschluß mit R_L und C_L verfälscht wird. Die Größe des Wirkungsgrades wird von der Größe der eingespeisten Wechselspannung, der Belastung und der verwendeten Meßfrequenz abhängen, so daß diese Werte im Zusammenhang mit η mit angegeben werden müssen.

3.3.2. Dämpfungsmessungen

Der Dämpfungswiderstand r_D bewirkt die Paralleldämpfung eines Resonanzkreises und wird durch die Diode mit Belastungswiderstand und Kondensator gebildet. Die Diodenkombination läßt sich also durch einen entsprechenden Parallelwiderstand zum Resonanzkreis dämpfungsmäßig nachbilden. Es entspricht dann die Nachbildung r_D. Dieses Prinzip liegt der in Abb. 125 gezeigten Meßschaltung zugrunde. Gemäß der Abbildung wird der HF-Stromkreis stromkonstant eingespeist, wobei im belasteten Zustand die Bandbreite

B' und im unbelastetem Zustand die Bandbreite B gemessen wird. Die Resonanzfrequenz ist bei der Messung nachzustimmen. Die Beziehung

$$r_D = \frac{\omega_L f_0}{B' - B}$$

ergibt somit den Dämpfungswiderstand. r_D ist bei der Messung in Abhängigkeit von U_i und verschiedenen f_0 sowie verschiedenen Belastungen zu messen. Neben einem Wechselspannungsmesser muß zur Messung noch ein Meßsender mit Feinabstimmung zur Verfügung stehen.

3.3.3. *Kapazitätsmessungen*

Da der pn-Übergang einer Diode, also die Sperrschicht, eine Funktion der an der Diode liegenden Spannung ist, muß auch die Diodenkapazität eine inkonstante, vom Arbeitspunkt abhängige Größe sein. Diese Kapazität nimmt mit zunehmender Sperrspannung ab. Wegen des kleinen Richtwiderstandes im

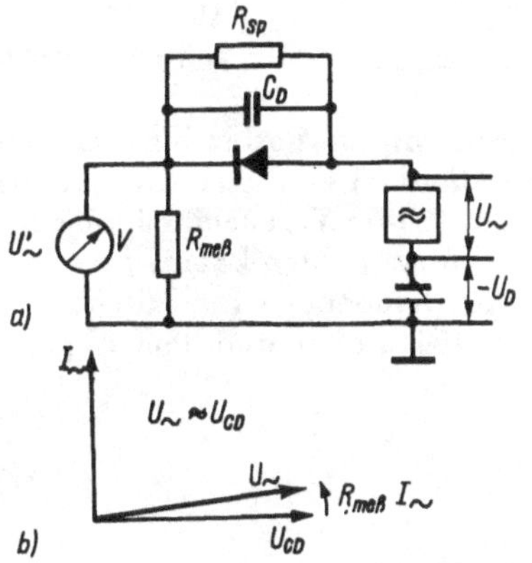

Abb. 126
Prinzip der Kapazitätsmessung

Durchlaßbereich hat hier die Diodenkapazität keine Bedeutung. Bei der Messung der Diodenkapazität wird die Meßwechselspannung klein gegenüber der Gleichspannung der Arbeitspunkteinstellung gehalten. Abb. 126*a* zeigt das Meßprinzip zur Bestimmung der Sperrschichtkapazität. Der Sperrspannung $-U_D$ wird eine kleine Wechselspannung überlagert ($U_\sim$). Am Meßwiderstand $R_{meß}$ fällt die Spannung $U'_\sim$ ab, die von einem Spannungsmesser angezeigt wird. Die Sperrschichtkapazität ergibt sich nunmehr nach

$$C_D = \frac{U'_\sim}{U_\sim} \frac{1}{\omega R_{meß}}.$$

Bei der Messung ist jedoch folgendes zu beachten:

a) $U_{\sim} \approx U_{CD}$; diese Bedingung wird hinreichend erfüllt, wenn $R_{meß} \ll 1/\omega CD$ ist, was aus dem Diagramm in Abb. 126*b* hervorgeht.

b) $R_{sp} \gg 1/\omega CD$; diese Bedingung ist durch entsprechende Wahl der Wechselspannungsfrequenz zu erfüllen.

Werden ω, $R_{meß}$, $U_{\sim}$ als Konstanten festgelegt, so kann die Spannung $U'_{\sim}$ direkt als Kapazitätswert am Röhrenvoltmeter abgelesen werden.

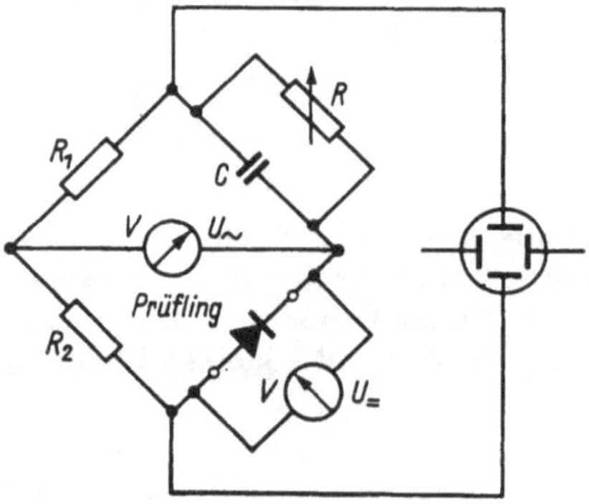

Abb. 127
Kapazitätsmeßschaltung

Abb. 127 zeigt eine Meßschaltung, die in Verbindung mit einem Oszillographen der Kapazitätsmessung dient. Bei dieser Brückenschaltung gilt wiederum die Beziehung $U_{\sim} \ll U_{=}$. Unter Vernachlässigung des Bahnwiderstandes r_b gegen den Sperrwiderstand r_s und den kapazitiven Widerstand der Diode und bei $R_1 = R_2$ kann die Diodenkapazität direkt als Kapazitätsänderung zwischen dem Brückenabgleich ohne und dem Abgleich mit Diode abgelesen werden [18—24].

4. Messungen an Tunneldioden

Die Tunnel- oder ESAKI-Diode ist ein aktives Bauelement, welches sich vielseitig einsetzen läßt. Diese Diode findet Verwendung in Verstärker-, Oszillator- und Mischerschaltungen. Sie kann als Speicherelement in logischen Schaltungen ebenso eingesetzt werden wie in Eingangsschaltungen von Verstärkern, wo sie sich wegen ihrer günstigen Rauscheigenschaften vorteilhaft verwenden läßt.

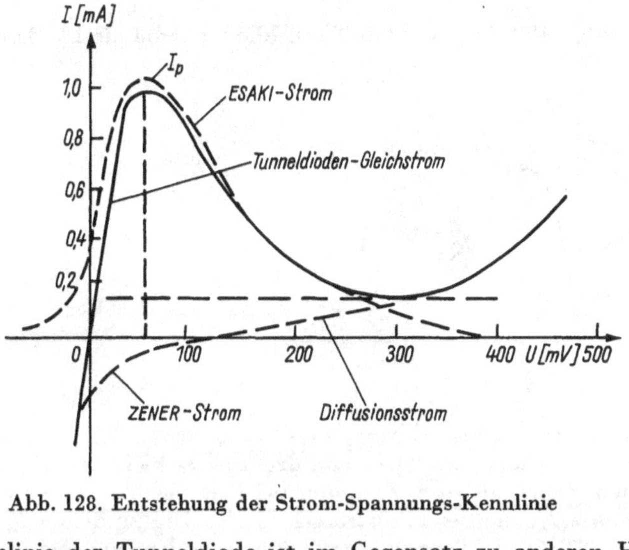

Abb. 128. Entstehung der Strom-Spannungs-Kennlinie

Die Kennlinie der Tunneldiode ist im Gegensatz zu anderen Halbleiterkennlinien im fallenden Teil weitgehend temperaturunabhängig. Des weiteren wird der Tunneleffekt auch von radioaktiven oder Höhenstrahlungen wenig beeinflußt, so daß sich Tunneldioden in Kernenergieanlagen bzw. in der Raumfahrttechnik einsetzen lassen.

Die Tunneldiode besteht aus zwei p- bzw. n-dotierten Gebieten eines Halbleitermaterials mit sehr hoher Störstellenkonzentration, zwischen denen sich eine extrem schmale Sperrschicht ausbildet [25]. In der Besonderheit des pn-Übergangs ist es begründet, daß entsprechend Abb. 128 die Gleichstrom-

Gleichspannungs-Kennlinie eine fallende Charakteristik aufweist. Laut ESAKI beruht die Entstehung dieses Kennlinienfeldes auf dem quantenmechanischen Tunneleffekt. Dieser Effekt besagt, daß Elektronen eine schmale Sperrschicht in beiden Richtungen mit einer gewissen Wahrscheinlichkeit durchsetzen. Dabei gehen die Elektronen vom Valenzband des p-Halbleiters auf der einen Seite der Sperrschicht in das Leitfähigkeitsband des n-Halbleiters auf der anderen Seite und umgekehrt. Das Energieniveau bleibt dabei erhalten. Die Elektronen „durchtunneln" die schmale Sperrschicht annähernd mit Lichtgeschwindigkeit, so daß die Laufzeiteffekte selbst im Mikrowellenbereich vernachlässigbar klein sind. Die Tunneldiode läßt sich deshalb zur Erzeugung und Verstärkung höchster Frequenzen einsetzen. Gegenwärtig sind Tunneldiodenverstärker für Frequenzen bis zu 26 GHz und Tunneldiodenschalter unter 10^{-9} s herstellbar.

a) Strom-Spannungs-Kennlinie der Tunneldiode.

Bei der in Abb. 129 dargestellten Tunneldiodenkennlinie handelt es sich um

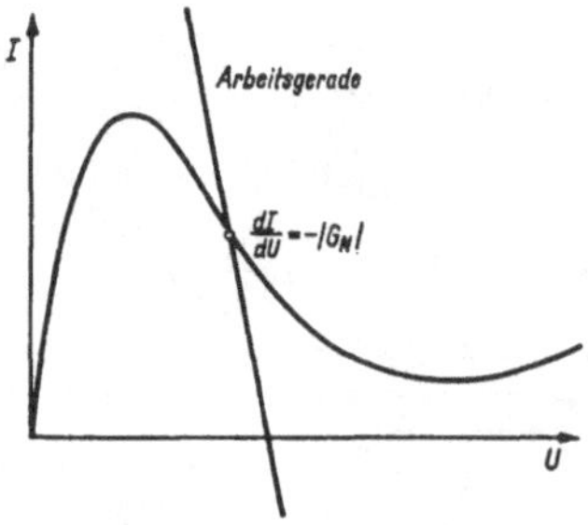

Abb. 129. *I-U*-Kennlinie mit eingetragener Arbeitsgeraden

die *I-U*-Kennlinie einer Germanium-Tunneldiode. Diese Kennlinie läßt sich durch das Zusammenwirken von drei Sperrschichtströmen erklären. Es handelt sich dabei um das Zusammenwirken des ZENER-Stromes I_Z, des ESAKI-Stromes I_E und des Flußstromes I_F. Der ZENER-Strom I_Z stellt die in Sperrichtung fließende Tunnelstromkomponente der Diodensperrschicht dar, die bei negativem Spannungswert steil ansteigt, bis sich der ZENER-Durchbruch einstellt. Der ESAKI-Strom I_E stellt die in Flußrichtung fließende Tunnelstromkomponente der Diodensperrschicht dar, die gemäß Abb. 129 bei etwa 50 mV ihr Maximum erreicht und mit weiter ansteigender Spannung wieder gegen Null verläuft. Bei Spannungen größer als 300 mV tritt ähnlich wie bei hochdotierten Dioden (ohne Tunneleffekt) der Sperrschicht-Diffusionsstrom I_F auf. Der Tunneldioden-Gleichstrom ergibt sich somit aus:

$$I = I_Z + I_E + I_F. \qquad (1)$$

Bei Spannungen kleiner als 300 mV ist I_F vernachlässigbar klein. Bei Spannungen größer als 400 mV können I_Z und I_E vernachlässigt werden. Die Strom-Spannungs-Kennlinie ist durch folgende Größen gekennzeichnet:

I_p = Höckerstrom, U_p = zugehörige Höckerspannung,

I_v = Talstrom, U_v = zugehörige Talspannung.

b) Signalersatzschaltbild der Tunneldiode.

Das für den fallenden Teil der Strom-Spannungs-Kennlinie gültige Signalersatzschaltbild ist in Abb. 130 dargestellt. Im Ersatzschaltbild stellt $-|G_N|$

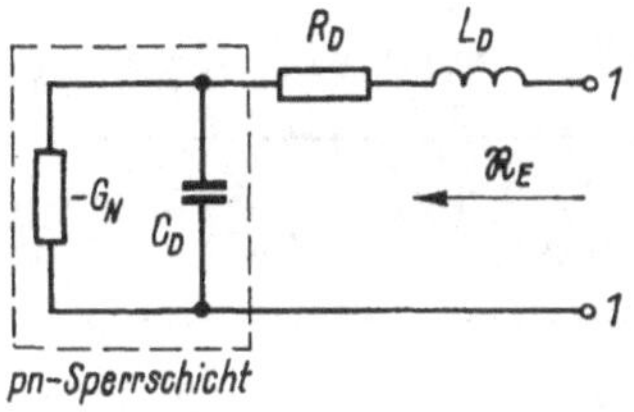

Abb. 130. Signal-Ersatzschaltbild

den negativen Leitwert dar, der sich aus der Neigung des fallenden Kennlinienteiles im Arbeitspunkt ergibt. Weiterhin enthält das Ersatzschaltbild die Sperrschichtkapazität C_D, den Verlustwiderstand R_D und die Serieninduktivität L_D. Da man die Sperrschicht als verlustfrei ansehen kann, entstehen die im Widerstand R_D zusammengefaßten Verluste im übrigen Halbleitermaterial und in den inneren Zuleitungen der Diode. Die Abmessungen und die Art des Gehäuses der Diode bestimmen die Induktivität L_D.

Der Eingangswiderstand der Tunneldiode für die Kreisfrequenz ω ergibt sich für die Anschlüsse *1 — 1* in Abb. 130 zu

$$\Re_E = \left(R_D - \frac{|G_N|}{\omega^2 C_D^2 + |G_N|^2}\right) + j\left(\omega L_D - \frac{\omega C_D}{\omega^2 C_D^2 + |G_N|^2}\right). \quad (2)$$

Der Realteil von $\Re_E$ nach Gl. (2) wird Null, wenn für die Kreisfrequenz

$$\omega_c = \frac{G_N}{C_D}\sqrt{\frac{1}{G_N R_D} - 1}. \quad (3)$$

Für die Betriebsfrequenz oberhalb von ω_c wird ein an die Anschlüsse *1 — 1* angelegter Signalkreis nicht mehr entdämpft. Die Kreisfrequenz ω_c wird deshalb als Entdämpfungsgrenzfrequenz bezeichnet. Der Imaginärteil von $\mathfrak{R}_E$ ergibt sich zu Null für die Kreisfrequenz:

$$\omega_r = \sqrt{\frac{1}{L_D C_D} - \frac{G_N^2}{C_D^2}}. \tag{4}$$

Die Kreisfrequenz wird, bezogen auf die Anschlüsse *1—1* in Abb. 130, als Eigenresonanzfrequenz der Tunneldiode bezeichnet. In der folgenden Tabelle sind zwei verschiedene Tunneldiodentypen gegenübergestellt. Damit und mit (3) und (4) ergeben sich die mittleren charakteristischen Frequenzen zu

$$f_c = \frac{\omega_c}{2\pi} \quad \text{und} \quad f_r = \frac{\omega_r}{2\pi}.$$

Typenvergleich

Typ	I_p [mA]	U_p [mV]	I_v [mA]	U_v [mV]	I_p/I_v	$-G_{N\max}$ [mS]	C_D [pF]	R_D [Ω]	L_D [nH]
A	1	55	0,15	300	6,5	−10	10	1	5
B	1	55	0,15	300	6,5	−10	10	1	0,5

Mittlere Frequenzen

Typ	f_c [GHz]	f_r [GHz]
A	1,6	0,7
B	1,6	2,25

c) Stabilität des Tunneldioden-Batteriekreises. Da im Bereich $0 < f < f_c$ der Eingangswiderstand $\mathfrak{R}_E$ einen negativen Realteil aufweist, werden neben den Nutzkreisen auch alle vorhandenen parasitären Kreise entdämpft, deren Resonanzfrequenz innerhalb dieses Frequenzbereiches liegen. Schwach gedämpfte parasitäre Kreise werden zu Schwingungen angeregt und können somit die Funktion des Nutzkreises stören. Einen nicht vermeidbaren parasitären Resonanzkreis stellt der Batteriekreis der Tunneldiode dar, dessen Stabilität besprochen werden soll. Man kann davon ausgehen, daß der Batteriekreis so große Kapazitäten und Induktivitäten enthält, daß seine Resonanzfrequenz bei sehr niedrigen Frequenzwerten liegt. Unter der Voraussetzung

$$R_D \ll \frac{1}{|G_N|_{\max}}$$

sind somit alle Komponenten der Tunneldiode bis auf den negativen Leitwert $-|G_N|$ vernachlässigbar klein. Der so entstehende Batteriekreis ist in Abb. 131 dargestellt. Er enthält die Gleichstromquelle mit der regelbaren Spannung U_0 und den regelbaren Widerstand R_B. R_B beinhaltet zugleich den inneren Widerstand eines im Kreis angeordneten Strommessers bei Meßschaltungen. Zum Batteriekreis kommt noch die Zuleitungsinduktivität L_B, die ebenfalls die Induktivität eines eventuell vorhandenen Meßinstrumentes beinhaltet. Schließlich ist noch die Zusatzkapazität C_B zu nennen, deren Funktion noch besprochen wird. Zwischen dem Diodenstrom I und der

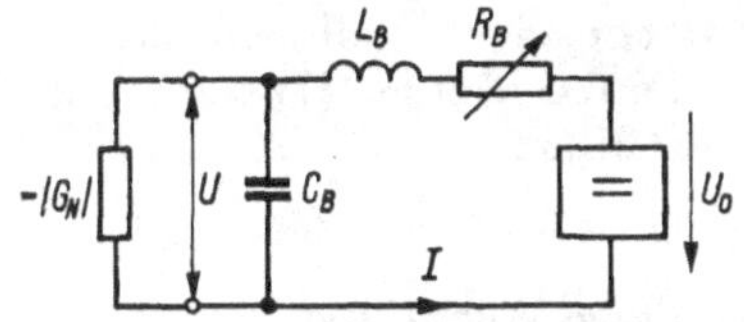

Abb. 131
Batteriekreis-Ersatzschaltbild

Klemmenspannung U der Tunneldiode wird die Arbeitsgerade nach folgender Gleichung aufgestellt:

$$I = \frac{1}{R_B}(U_0 - U). \tag{5}$$

Der in Abb. 131 dargestellte Batteriekreis muß zwei Stabilitätsbedingungen erfüllen.

1. Es muß der Gleichstrom-Arbeitspunkt der Tunneldiode stationär auf jeden Punkt der fallenden Kennlinie einstellbar sein.
2. Die Tunneldiode darf den Batteriekreis keinesfalls zu Schwingungen anregen.

Die Stabilitätsbedingungen lauten somit:

$$R_B < \frac{1}{|G_N|_{max}} \tag{6}$$

und

$$R_B > |R_N'| = \frac{|G_N|_{max} L_B}{C_B}. \tag{7}$$

$|G_N|_{max}$ stellt den Betrag des mit der Tunneldiode maximal erreichbaren negativen Leitwertes dar. (6) besagt, in Verbindung mit (5), daß die Arbeitsgerade einen größeren Betrag der Neigung aufweisen muß als die Tunneldiodenkennlinie im Punkt $|G_N| = |G_N|_{max}$. (6) wird durch einen hinreichend niedrigen, aber wegen (7) von Null verschiedenen inneren Widerstand R_B

der Gleichstromquelle erfüllt. Die rechte Seite von (7) stellt den Betrag des transformierten negativen Widerstandes $-|R_N'|$ dar, der sich bei Umwandlung der Parallelschaltung aus $-|G_N|$ und C_B in eine äquivalente Serienschaltung bei der Resonanzfrequenz

$$f_B = \frac{1}{2\pi}\sqrt{\frac{1}{L_B C_B} - \frac{G_N^2}{C_B^2}}$$

des Batteriekreises entsprechend (4) ergibt. Ist (7) erfüllt, so schwingt der über L_B und R_B geschlossene Serienresonanzkreis nicht an. (7) besagt, daß der innere Widerstand R_B der Batterie nicht Null sein darf, ansonsten der Batteriekreis keine Dämpfung enthalten würde. (7) wird vor allem durch eine große Zusatzkapazität C_B eingehalten.

4.1. Messen der Strom-Spannungs-Kennlinie

Abb. 132 zeigt das einfache Schaltbild einer Meßanordnung zum Ausmessen der Strom-Spannungs-Kennlinie von Tunneldioden. Die erforderliche Gleich-

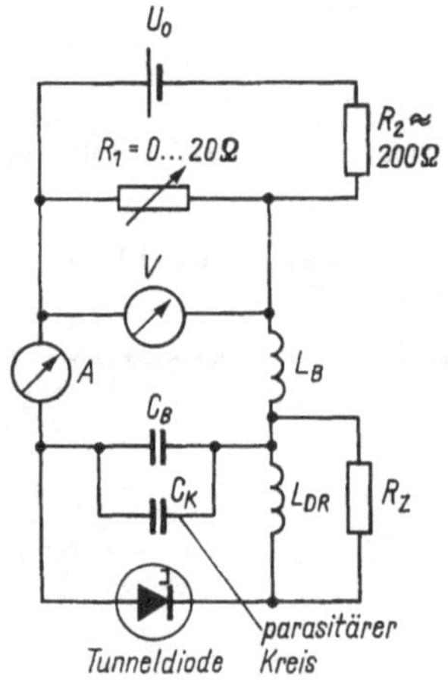

Abb. 132. Ersatzschaltung zur Messung der *I-U*-Kennlinie

spannung liegt zwischen 0 und 0,5 V, die am 20-Ω-Regelwiderstand abgenommenwerden kann. Der Regelwiderstand bildet zusammen mit dem Innenwiderstand des Strommessers etwa den inneren Widerstand R_B der Gleichstromquelle, wie man ihn von der Tunneldiode aus sieht. R_B muß die Stabilitätsungleichung (6) erfüllen. L_B stellt wiederum die Induktivität des Gleichstromkreises dar. C_B stellt den Zusatzkondensator des Gleichstromkreises dar. Parallel zu C_B liegt der Kondensator C_K, der für Frequenzen im UHF-

Bereich bereits einen Kurzschluß darstellt. In Reihe mit der Tunneldiode liegt die Parallelschaltung einer UHF-Drossel L_{Dr} und eines UHF-phasenreinen Widerstandes R_Z, wobei vorausgesetzt wird, daß die Eigenresonanzfrequenz der Diode in der Schaltung durch die Halterungsinduktivitäten in das UHF-Gebiet absinkt. Bei tiefen Frequenzen wird der Widerstand durch die Drossel L_{Dr} nahezu kurzgeschlossen. Bei sehr hohen Frequenzen ist der Blindwiderstand der Drossel L_{Dr} groß gegen R_Z, und die Kapazität C_K bildet einen Kurzschluß. Die Diode bildet somit über R_Z einen parasitären Resonanzkreis, dessen Aufbau etwa dem Batteriekreis entspricht. Um diesen Kreis zu stabilisieren, müssen die beiden Ungleichungen

$$\frac{L_D |G_N|_{max}}{C_D} < R_Z + R_D < \frac{1}{|G_N|_{max}} \tag{8}$$

erfüllt sein. Der Zusatzwiderstand soll den Wert $R_Z \approx 60\,\Omega$ aufweisen. Ob die in der Abbildung gezeigte Schaltung vollständig stabilisiert ist, kann am Verlauf des I-U-Kennlinienteils der Diode im Abfall erkannt werden. Dabei können zwei Möglichkeiten auftreten:

1. Entweder läßt sich im fallenden Kennlinienteil kein stabiler Arbeitspunkt einstellen, oder
2. die natürliche Kennlinie wird durch zusätzliche Richtströme verformt. Abb. 133 zeigt eine solche Kennlinienverformung.

Im 1. Fall ist entweder der innere Widerstand R_B der Stromquelle nicht niedrig genug oder die Ungleichung (8) nicht erfüllt. Im 2. Falle wird mindestens einer der Kreise gemäß Abb. 132 zum Schwingen angeregt. Die Kennlinienverformung gemäß Abb. 133 entsteht wie folgt:

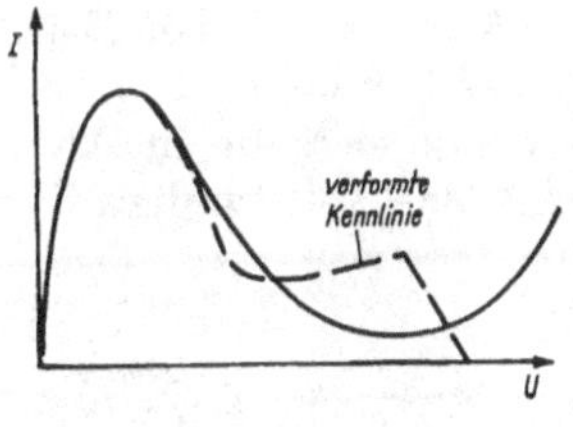

Abb. 133. Verformte I-U-Kennlinie

Entsteht eine Schwingung, so wird diese an der Tunneldiodenkennlinie gleichgerichtet, so daß ein zusätzlicher Richtstrom zustande kommt, der sich der Tunneldiodenkennlinie überlagert. Die Größe des zusätzlichen Richtstromes hängt von der Schwingamplitude und der Krümmung der I-U-Kennlinie ab. In Verbindung mit einem Thermostaten ist die gezeigte Schaltung geeignet, die Temperaturabhängigkeit der I-U-Kennlinie aufzunehmen.

Eine weitere sehr einfache Meßschaltung zeigt Abb. 134. Eine Meßschaltung unter Einbeziehung eines Oszillographen zeigt Abb. 135. Beide Meßschaltungen lassen sich aber in der Praxis nur sehr schwierig realisieren, da bei diesem einfachen Aufbau mit Schwingungen zu rechnen ist, was zur

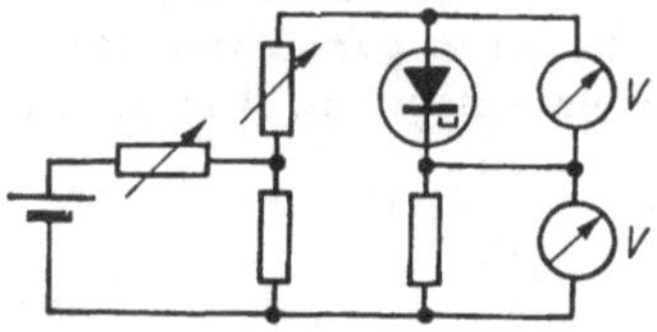

Abb. 134. Prinzipschaltbild zur Kennlinienmessung

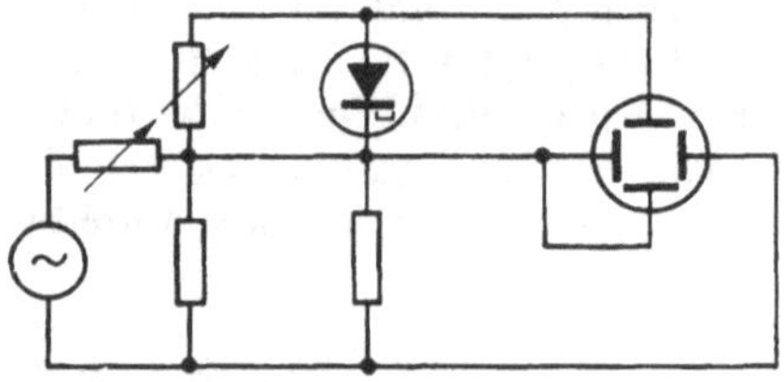

Abb. 135. Kennlinienmessung mit Oszillographen

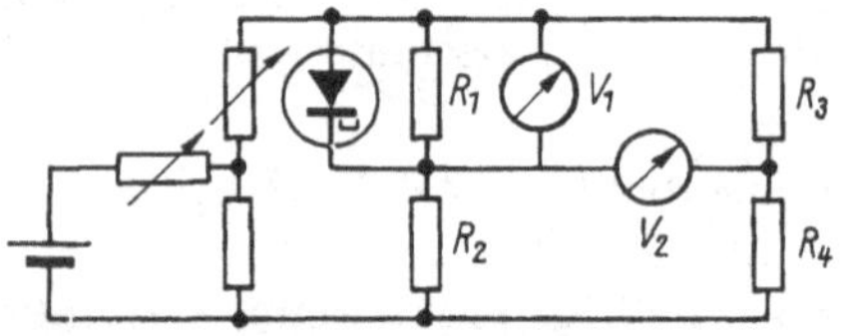

Abb. 136. Brückenschaltung zur Kennlinienaufnahme

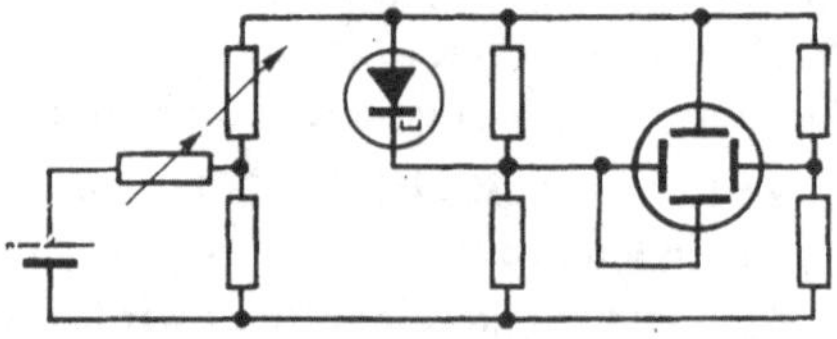

Abb. 137. Brückenschaltung zur Kennlinienaufnahme mit Oszillographen

Verformung der Kennlinie führen muß. Die Schaltungen lassen sich aber zur Messung charakteristischer Strom- und Spannungswerte benutzen.

Eine wesentlich stabilere Meßschaltung zeigt Abb. 136. Bei dieser Brückenschaltung liegen wesentlich stabilere Verhältnisse vor. Die Brückenschaltung gemäß Abb. 137 sieht die Verwendung eines Oszillographen vor.

Gemeinsam mit einem Oszillographen läßt sich die in Abb. 138 gezeigte Zusatzschaltung einsetzen. Abb. 139 zeigt das vollständige Schaltbild eines

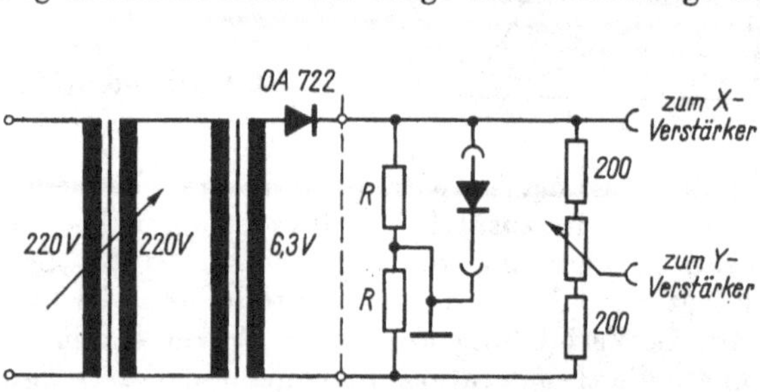

Abb. 138. Schaltung zum Schreiben der Kennlinien

Zusatzgerätes zum Schreiben von Tunneldiodenkennlinien. Das Gerät läßt sich ohne großen Aufwand erstellen und liefert zusammen mit einem geeigneten Oszillographen recht befriedigende Meßergebnisse.

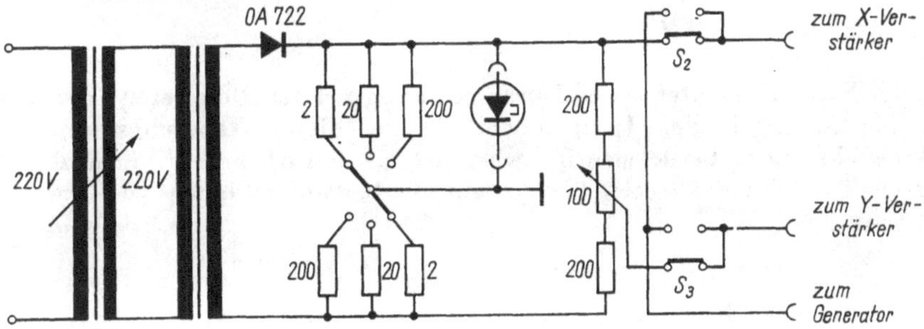

Abb. 139. Schaltbild eines Kennlinienaufnahmezusatzes für Tunneldioden im Bereich von 0,5 bis 250 mA

4.2. *Messen des negativen Leitwertes* $-|G_N|$

Unter der Voraussetzung

$$R_D \ll \frac{1}{|G_N|_{max}}$$

kann man den negativen Leitwert $-|G_N|$ der Tunneldiode dadurch ermitteln, daß man die I-U-Kennlinie der Tunneldiode graphisch differenziert. Abb. 140 zeigt eine solche differenzierte Kennlinie. Die abhängige Variable ist der Leitwert

$$G = \frac{dI}{dU},$$

welcher im fallenden Kennlinienteil der I-U-Kennlinie in den negativen Leitwert $-|G_N(U)|$ übergeht. Der negative Leitwert $-|G_N|$ kann durch Wechselstrommessungen nur dann ermittelt werden, wenn die Aussteuerung der Kennlinie so gering ist, daß Nichtlinearitäten der Kennlinie vernachlässigbar klein sind.

4.3. *Messung des Verlustwiderstandes R_D der Tunneldiode*

Die Summe der ohmschen Widerstände außerhalb der Sperrschicht wird im Verlustwiderstand R_D zusammengefaßt. R_D besteht im wesentlichen aus dem Bahnwiderstand des Halbleitermaterials, den Kontaktierungswiderständen und den Zuleitungswiderständen. Die näherungsweise Bestimmung von R_D erfolgt nach

$$R_D = \frac{4\varrho H}{\pi D^2}.$$

In der Formel bedeutet D den Durchmesser und H die Höhe des zylindrischen Halbleiterstengels der Tunneldiode. Da bei dieser Näherungsformel der Skineffekt nicht berücksichtigt wird, ist sie natürlich sehr ungenau. Bei guten Tunneldioden rechnet man mit Verlustwiderständen von etwa $R_D < 1\,\Omega$.

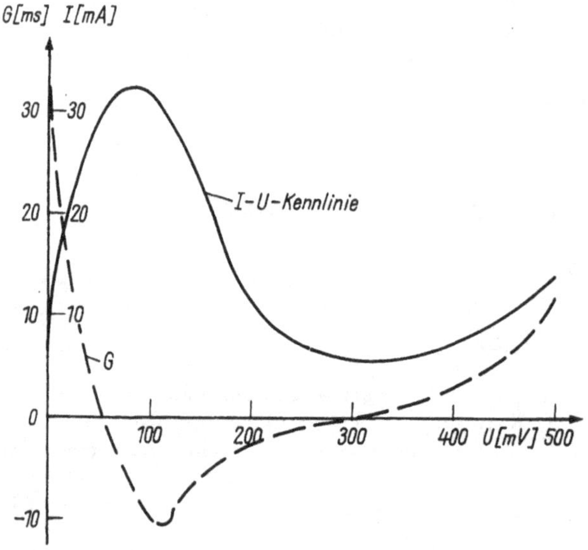

Abb. 140. Leitwert $G = \mathrm{d}I/\mathrm{d}U$ als Funktion von U

Bei tiefen Frequenzen können die Blindkomponenten C_D und L_D der Tunneldiode gegenüber den Wirkkomponenten $-|G_N|$ und R_D vernachlässigt werden. So liegt z. B. bei einer Meßfrequenz von $f = 1000$ Hz in jedem Punkt der I-U-Kennlinie ein positiver oder ein negativer Leitwert G in Reihe zu R_D.

R_D wird nun so gemessen, daß bei genügend hohen negativen Spannungswerten U an der Tunneldiode $1/G \ll R_D$ gilt. Der Tunneleffekt entspricht hier einer verlustfreien metallischen Leitung, so daß die I-U-Kennlinie in diesem Bereich durch einen linearen Strom-Spannungs-Verlauf am Widerstand

R_D gekennzeichnet ist. R_D ist also in diesem Kennlinienbereich durch eine direkte Wechselstrom-Widerstandsmessung zugänglich.

4.4. *Bestimmung der Sperrschichtkapazität C_D der Tunneldiode*

Die Messung der Sperrschichtkapazität erfolgt am zweckmäßigsten im Kennlinienta1 $I = I_v$, weil dort, mit Ausnahme von R_D, keine Be- oder Entdämpfung des Meßgerätes erfolgt. Außerdem ist dieser Punkt hinsichtlich der Spannungseinstellung unkritisch. Da sich die Sperrschichtkapazität C_D als Funktion der Gleichspannung U im interessierenden Kennlinienbereich nicht stark ändert, ist die Messung im Punkt $I = I_v$ hinreichend genau.

Die Betriebsfrequenz $f = \omega/2\pi$ des Meßgerätes wird so gewählt, daß die Ungleichungen

$$R_D \ll \frac{1}{\omega C_D}, \qquad \omega L_D \ll \frac{1}{\omega C_D}$$

erfüllt werden.

4.5. *Bestimmung der Serieninduktivität L_D der Tunneldiode*

Die Gehäuseinduktivität der Tunneldiode wird durch L_D dargestellt. Sie ist praktisch für den einzelnen Typ konstant und ist von anderen Größen unabhängig. L_D läßt sich aus der Messung des Blindleitwertes an den Anschlüssen *1—1* (Abb. 130, S. 115) für den Arbeitspunkt $I = I_v$, also $-|G_N| = 0$, bestimmen. Die Sperrschichtkapazität C_D muß dabei bekannt sein. Die Meßfrequenz muß so hoch gewählt werden, daß

$$\frac{1}{\omega C_D} \approx \omega L_D$$

wird.

4.6. *Gegenseitige Abhängigkeit der Germanium-Tunneldioden-Kenngrößen*

Ätzt man bei der Herstellung einer Tunneldiode die Sperrschicht stufenweise ab, so fällt damit auch der Spitzenstrom I_p. Wird dabei noch die Sperrschichtkapazität C_D und der Verlustwiderstand R_D gemessen, so ergibt sich ein Kurvenverlauf gemäß Abb. 141. Durch die Abnahme der Sperrschicht bzw.

des Halbleiterquerschnittes fällt C_D fast proportional mit dem Spitzenstrom I_p ab, während der Verlustwiderstand R_D umgekehrt proportional zur fallenden Sperrschichtkapazität ansteigt [26—29].

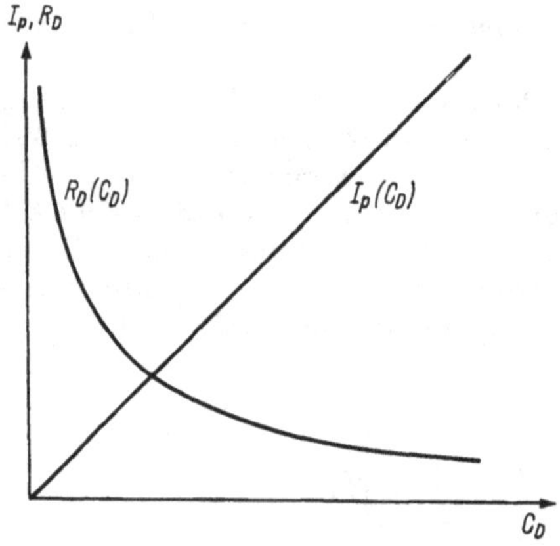

Abb. 141. Zusammenhang zwischen I_p, C_D und R_D beim Abätzen

5. Messungen an Kapazitätsdioden

Kapazitätsdioden finden ihren Einsatz als steuerbare oder nichtlineare Kapazitäten in den verschiedensten Bereichen der Hochfrequenztechnik.

Bekanntlich weist jeder pn-Übergang Eigenschaften der Spannungsabhängigkeit seiner Sperrschichtkapazität auf.

Denkt man sich den pn-Übergang aus den beiden gut leitenden p- und n-Gebieten mit der dazwischenliegenden Sperrschicht bestehend, so drängt sich der Vergleich zum Plattenkondensator mit den beiden Kondensatorplatten und dem dazwischenliegenden Dielektrikum auf. Wird die Sperrschicht breiter, so kommt das einer Abstandsvergrößerung der Kondensatorplatten beim Plattenkondensator gleich. Bekanntlich ist beim Plattenkondensator

$$C = \varepsilon \frac{F}{d}$$

(ε = Dielektrizitätskonstante, d = Plattenabstand, F = Plattenfläche). Bei der Kapazitätsdiode ergibt sich nun die Kapazität nach

$$C = \frac{k}{(U_{\mathrm{d}} + U)^{1/n}}.$$

In der Formel ist k eine Konstante, die durch die geometrischen Abmessungen des Halbleiterkristalls gegeben ist. U_{d} stellt die Diffusionsspannung dar, die materialbedingt ist und vom Herstellungsverfahren abhängig.

Eine sehr wichtige Eigenschaft der Kapazitätsdiode ist die Steilheit S_{c}. Sie stellt die erste Ableitung der Funktion $C = f(U)$ dar:

$$S_{\mathrm{c}} = \frac{\mathrm{d}C}{\mathrm{d}U} = -\frac{1}{n}\,\frac{k}{(U_{\mathrm{d}} + U)^{1/n+1}}.$$

Wird bei der Kapazitätsdiode die in Reihe liegende Induktivität der Anschlußdrähte vernachlässigt, so erhält man das in Abb. 142 gezeigte

Ersatzschaltbild. Hierin bedeuten R_b den Bahnwiderstand, der in der Größenordnung zwischen 10 und 100 Ω liegt, und R_p den Sperrwiderstand, der in der Größenordnung zwischen 10^7 und 10^9 Ω liegt. Die Güte der Diode erreicht ihr Maximum, wenn der kapazitive Widerstand gleich dem geometrischen Mittel aus Bahnwiderstand und Sperrwiderstand wird. Dies ist bei

$$\omega_{Q\max} = \frac{1}{C\sqrt{R_b R_p}}$$

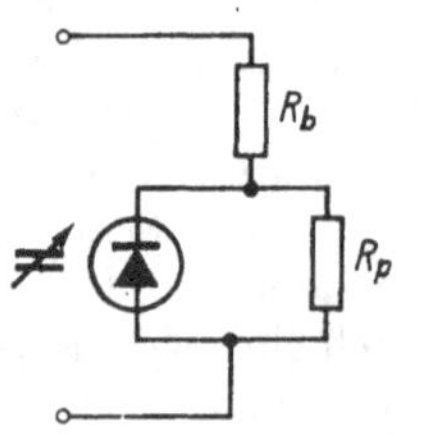

Abb. 142. Vereinfachtes Ersatzschaltbild einer Kapazitätsdiode

der Fall. Die Güte errechnet sich dann zu

$$Q_{\max} = \frac{1}{2}\sqrt{\frac{R_p}{R_b}}.$$

Der Einfluß von R_b auf Q wird bei tieferen Frequenzen vernachlässigbar, so daß

$$Q_t = \omega C R_p$$

gilt. Bei höheren Frequenzen kann dagegen R_p vernachlässigt werden. Dann gilt

$$Q_h = \frac{1}{\omega C R_b}.$$

5.1. Bestimmung der Ersatzkapazität

Von Bedeutung ist die Ersatzkapazität einer Kapazitätsdiode innerhalb einer Schaltung. Abb. 143 zeigt die Schaltung. An den Klemmen *1—1* liegt ein Oszillator, dessen Schwingspannung durch die Reihenschaltung der Diodenkapazität mit einem verlustarmen Kondensator und die Parallelschaltung eines weiteren Kondensators so weit vermindert wird, daß der Arbeitspunkt U_{KA} der Kapazitätsdiode erreicht wird. Auf diese Weise ergibt sich eine wirksame Herabsetzung des Verlustanteiles, und vor allem wird somit der gewünschte Nachstimmbereich festgelegt. Die Ersatzkapazität ergibt sich damit zu

$$C_{\mathrm{ers}} = \frac{C_{\mathrm{s}} C_{\mathrm{D}}}{C_{\mathrm{s}} + C_{\mathrm{D}}} + C_{\mathrm{p}}$$

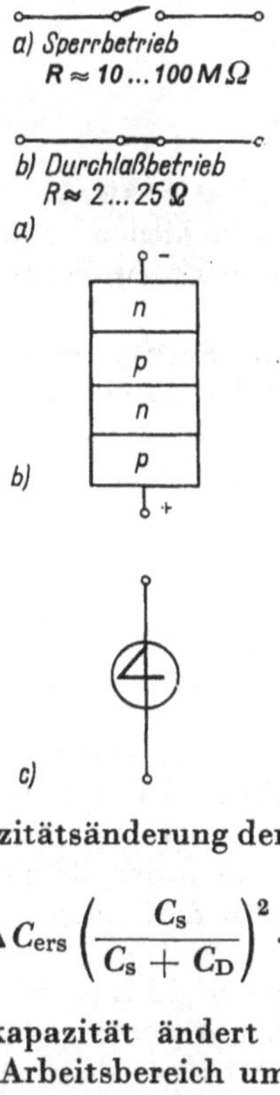

Abb. 143. Bestimmung der Ersatzkapazität

und die Kapazitätsänderung der Reihenschaltung von C_{s} und C_{D} zu

$$\Delta C_{\mathrm{ers}} \left(\frac{C_{\mathrm{s}}}{C_{\mathrm{s}} + C_{\mathrm{D}}}\right)^2 \cdot \Delta C.$$

Die Parallelkapazität ändert den Absolutbetrag von ΔC nicht. Es wird lediglich der Arbeitsbereich um den Wert von C_{p} verschoben. Die Güte der Ersatzkapazität ergibt sich zu

$$Q_{\mathrm{ers}} = (C_{\mathrm{p}} + C_{\mathrm{D}}) \left(\frac{1}{C_{\mathrm{s}}} + \frac{1}{C_{\mathrm{D}}}\right) Q_{\mathrm{D}}$$

und in Abhängigkeit von der Sperrspannung

$$Q_{\mathrm{ers}} \approx [C_{\mathrm{p}} + (U_{\mathrm{KA}} + U_{\mathrm{d}})^{-1/2}] \left[\frac{1}{C_{\mathrm{s}}} + (U_{\mathrm{KA}} + U_{\mathrm{d}})^{1/2}\right] Q_{\mathrm{D}}.$$

Somit steigt die Gesamtgüte bei wachsender Sperrspannung, während die Steilheit sinkt [30, 31].

6. Messungen an Vierschichtdioden

Mit der Silizium-Vierschichtdiode, nach ihrem Entwickler Dr. W. SHOCKLEY auch SHOCKLEY-Diode genannt, lassen sich verschiedene Schaltungen mit weit weniger Aufwand realisieren, als dies mit herkömmlichen Transistoren oder Dioden möglich wäre.

Bei der Vierschichtdiode handelt es sich um einen steuerbaren Schalter. Zwei stabile Zustände, nämlich der Sperr- und der Durchlaßzustand, können

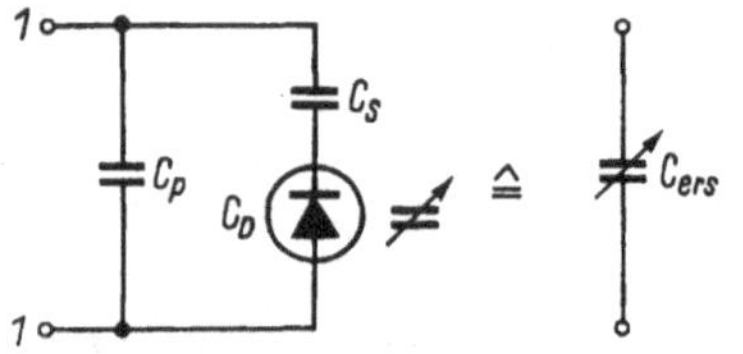

Abb. 144.
Vierschichtdiode als Schalter

von der Vierschichtdiode eingenommen werden. Während bei anderen Bauelementen die Steuerung über einen zusätzlichen Anschluß erfolgt und zur Umschaltung eine zusätzliche Spannung oder ein zusätzlicher Strom benötigt wird, wird die Vierschichtdiode ausschließlich durch den sie durchfließenden Strom bzw. durch die anliegende Spannung von den einen in den anderen Betriebszustand umgeschaltet.

Das Grundmaterial der Vierschichtdiode kann aus Silizium oder Germanium bestehen. Abb. 144*a* zeigt die Schaltzustände mit den zugehörigen Widerstandswerten. Abb. 144*b* zeigt die Halbleiterschichtung der Vierschichtdiode und Abb. 144*c* schließlich das Schaltzeichen für diese Diode.

Aus den Darstellungen in Abb. 145 ist das Verhalten der Vierschichtdiode zu entnehmen. Legt man an den pnpn-Übergang der Diode eine geringe Spannung, so sperrt die Diode in beiden Richtungen (Abb. 145*a*). Sie wirkt also wie eine in Sperrichtung vorgespannte Diode. Läßt man nun die angelegte Spannung bis zur Schaltspannung U_S ansteigen, so ergibt sich auf der positiven Spannungsseite ein Bereich negativen Widerstandes, wobei die Kennlinie auf der negativen Seite des Spannungsbereiches abbricht. Die Vierschichtdiode verhält sich also in diesem Gebiet wie die Parallelschaltung eines negativen Widerstandes mit einer negativen Kapazität. Eine Stromerhöhung hat eine Spannungsverringerung im Gefolge, was aus Abb. 145*b* hervorgeht.

Wird die Haltespannung U_H der Vierschichtdiode, gemäß Abb. 145c, erreicht, so verhält sich die Vierschichtdiode ähnlich einer in Durchlaßrichtung vorgespannten Diode. Abb. 146 zeigt die Ersatzschaltbilder der einzelnen Funk-

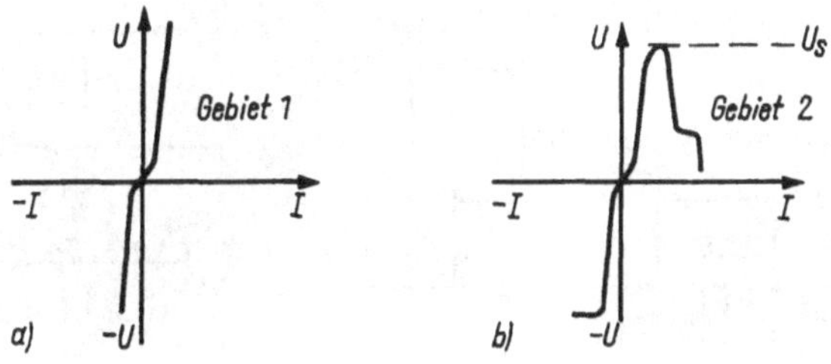

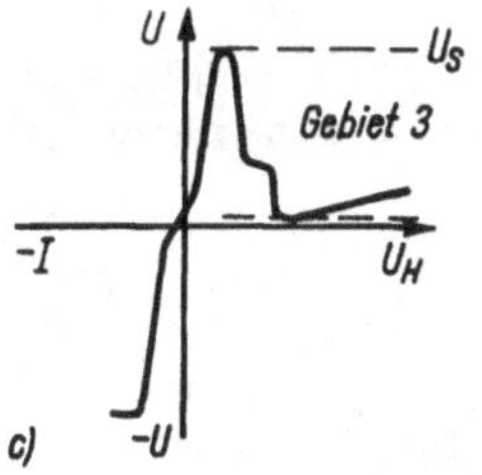

Abb. 145. Statisches Verhalten der Vierschichtdiode in den drei Arbeitsgebieten

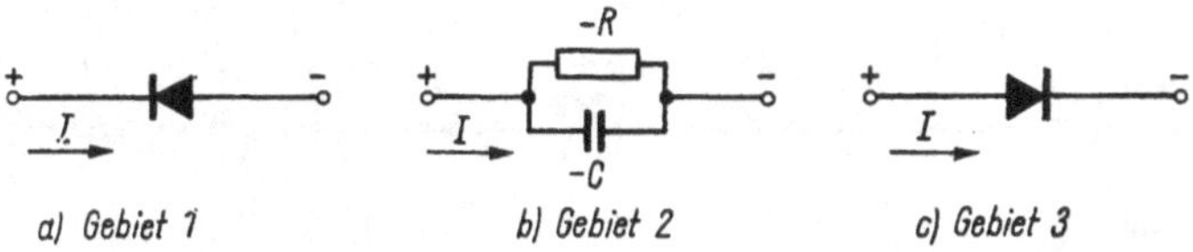

Abb. 146. Ersatzschaltbilder der Arbeitsgebiete

tionsbereiche der Vierschichtdiode. Abb. 147 zeigt eine komplementäre Transistorschaltung, die die gleichen Eigenschaften aufweist wie eine Silizium-Vierschichtdiode.

6.1. Messung der Kennlinien

Abb. 148 zeigt eine Meßschaltung, mit deren Hilfe die Kennlinien der Vierschichtdiode aufgenommen werden können. R_1 dient zur Einstellung der benötigten Meßspannung. Die Betriebsspannung U_B muß größer als die

Schaltspannung der Vierschichtdiode sein. Der Diodenstrom wird mit R_2 grob und R_3 fein eingestellt, R_4 dient als Schutzwiderstand. In Verbindung mit einem Oszillographen läßt sich die Schaltung gemäß Abb. 149 einsetzen, wobei

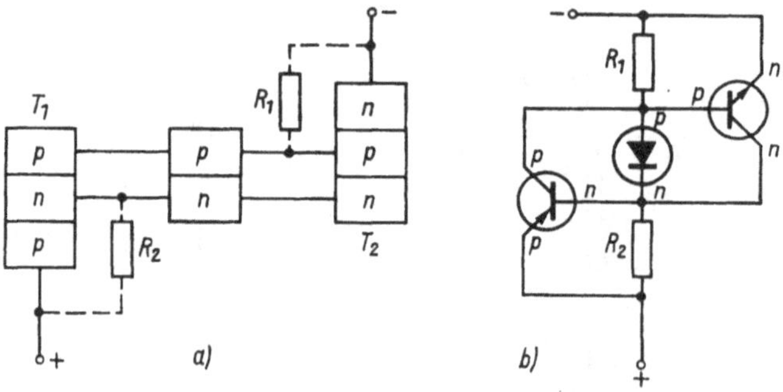

Abb. 147. Schaltung mit Komplementärtransistoren

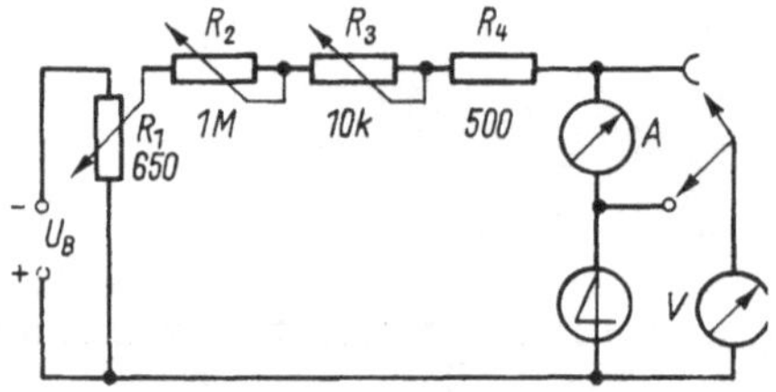

Abb. 148. Meßschaltung zur Kennlinienaufnahme

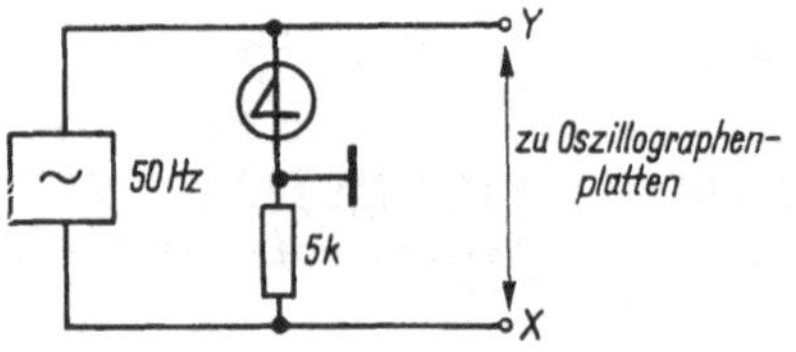

Abb. 149. Meßschaltung zur Kennlinienaufnahme mit Oszillographen

man die Kennlinie als Oszillogramm erhält. Das Verhalten der Diode läßt sich aus dem Kennlinienverlauf Abb. 150 ableiten. In der Tabelle sind einige Richtwerte von Vierschichtdioden zusammengefaßt. Bei der Kennlinienaufnahme ist das Temperaturverhalten der Vierschichtdiode zu beachten. Abb. 151 zeigt die Abhängigkeit der Schaltspannung U_S und des Haltestromes I_H von der Temperatur. Während die Schaltspannung im Bereich —60 bis

+60 °C praktisch konstant bleibt, zeigt der Haltestrom I_H eine starke Temperaturabhängigkeit.

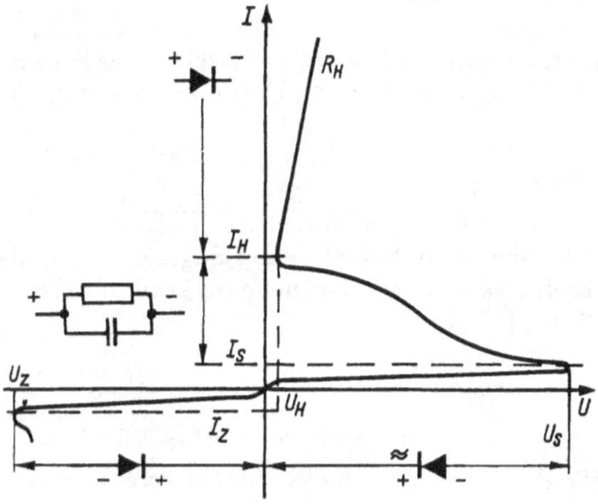

Abb. 150. Kennlinie einer Vierschichtdiode

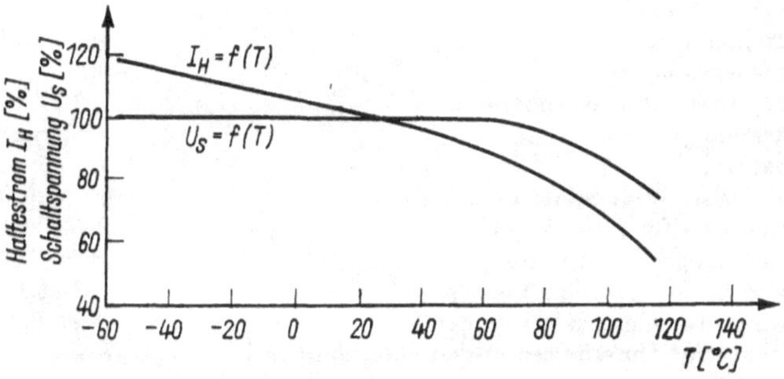

Abb. 151. Temperaturabhängigkeit von I_H und U_S

6.2. *Bestimmung der Schaltspannungsverringerung*

Will man eine Berechnung der Schaltspannungsverringerung durchführen, so muß neben der statischen Schaltkurve auch die Kapazität der Vierschichtdiode bekannt sein. Da dies aber in der Praxis meist nicht der Fall ist, kann man mit folgender Näherungsgleichung arbeiten:

$$C_D = \frac{K}{U_S} \approx \frac{1250}{U_S} \text{ [pF]}.$$

Hierin ist K eine durch die Sperrschichtgröße festgelegte Konstante:

$$K = 1{,}25 \cdot 10^{-9}\,\mathrm{As}.$$

Nach der Ermittlung von C_D kann der Verschiebungsstrom I_C berechnet werden, der auf Grund der zeitlichen Spannungsänderung dU/dt fließt:

$$I_C = C_D \frac{dU}{dt}.$$

Der Gesamtstrom I_D, der beim Anlegen eines Sägezahnes an die Vierschichtdiode diese durchfließt, solange sich die Diode im Funktionsbereich *1* befindet, ergibt sich aus [32—35]

$$I_D = I_R + I_C.$$

Tabelle der Vierschichtdioden-Richtwerte

Bezeichnung	Richtwerte
U_S Schaltspannung	10 ··· 250 V
U_H Haltespannung	0,5 ··· 2 V
U_Z ZENER- bzw. Abbruchspannung	—10 ··· —250 V
I_S Schaltstrom	einige μA ··· einige mA
I_H Haltestrom	1 ··· 50 mA
R_H dynamischer Widerstand im Durchlaßbereich	1 ··· 20 Ω
Impulsbelastung für max. 50 μs	2 ··· 20 A
Maximal zulässiger Dauerstrom	50 ··· 300 mA
Widerstand im Sperrbereich bis etwa 0,75 U_S	>1 MΩ
Zeitkonstante für Umschalten in den Sperrbereich	etwa 0,2 μs
Zeitkonstante für Umschalten in den Durchlaßbereich	etwa 0,1 μs

7. Messungen an Thyristoren

Unter der Handelsbezeichnung „Thyristor" ist ein steuerbarer Siliziumgleichrichter im Handel erhältlich. Thyristoren ähneln hinsichtlich ihres Aufbaues den Vierschichtdioden und hinsichtlich ihrer elektrischen Funktion dem bekannten gasgefüllten Thyratron.

Thyristor aus p- und n-dotierten Siliziumschichten. Im Gegensatz zur Vierschichtdiode besitzt der Thyristor an der unteren p-Schicht noch eine zusätzliche Steuerelektrode. Abb. 152 zeigt die Anordnung der Halbleiterschichten und das Symbol des Thyristors. Die beiden äußeren pn-Übergänge sind in Durchlaßrichtung gepolt, so daß sich die Löcher und Elektronen gegen-

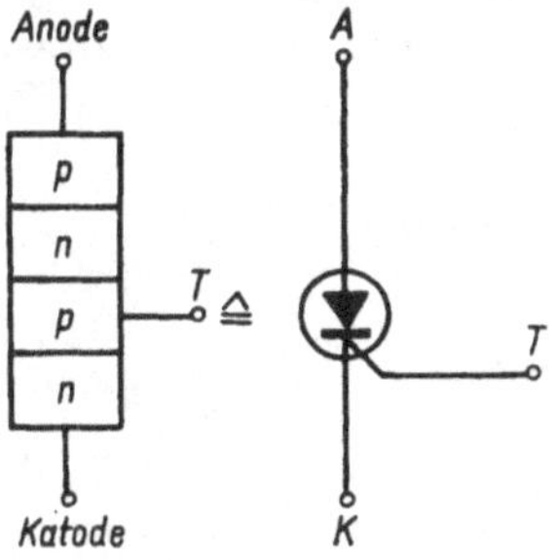

Abb. 152. Symbol des Thyristors

läufig bewegen und am jeweiligen pn-Übergang rekombinieren. An den jeweiligen pn-Übergängen wird der Durchlaßwiderstand dadurch verringert, während sich am mittleren pn-Übergang eine Sperrzone ausbildet, die von der Größe der angelegten Spannung abhängig ist. Wird an die Steuerelektrode eine definierte Steuerspannung angelegt, so ändern sich die physikalischen Verhältnisse. Abb. 153 zeigt die Analogie zu einer entsprechenden Transistorschaltung.

Die Wirkungsweise eines Thyristors im Gleichstromkreis ist nun folgende: Wird gemäß Abb. 154 an die äußeren p- und n-Schichten die gepolte Gleichspannung U_1 gelegt, so fließt der kleine positive Sperrstrom, denn der Übergang *2* befindet sich im Sperrzustand. Gelangt nunmehr eine Impulsspannung an die p-Schicht, so wird der Sperrübergang *2* durchlässig, und es fließt der

Gleichstrom I_L in Durchlaßrichtung. Ist der Thyristor einmal gezündet, so verbleibt er im offenen Zustand, auch wenn die Steuerspannung abgeschaltet wird. Soll der Thyristor wieder in den Sperrzustand geschaltet werden, so muß

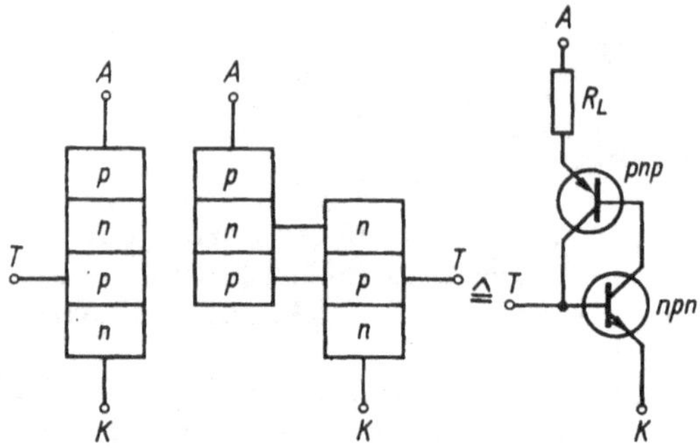

Abb. 153. Analogie eines Thyristors

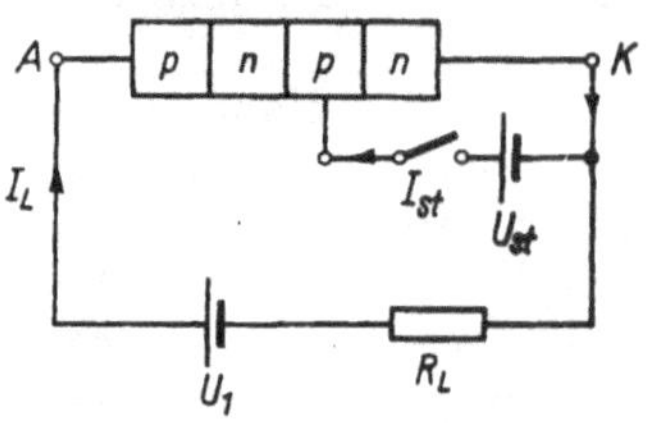

Abb. 154. Thyristor-Gleichstromkreis

die Spannung des Hauptstromkreises unter die Haltespannung U_h gebracht werden. Der Durchlaßstrom I_d muß also kleiner als der Haltestrom I_h sein. Dieser Zustand kann durch Erhöhung des Lastwiderstandes R_L oder durch

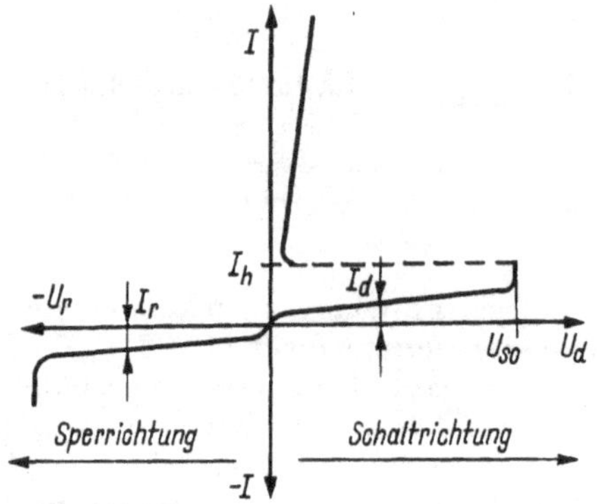

Abb. 155. Thyristor-I-U-Kennlinie

Verringerung der Spannung U_1 erreicht werden. Wie aus der Strom-Spannungs-Kennlinie in Abb. 155 zu erkennen ist, schaltet der Thyristor auch ohne Steuerimpuls, sobald die Nullkippspannung U_{s0} erreicht wird. In der Praxis soll diese Nullkippspannung aber nicht erreicht werden, da eine solche Art der Zündung den Thyristor zerstören kann.

Abb. 156 zeigt eine Meßschaltung, mit deren Hilfe Thyristoren auf ihre Funktionstüchtigkeit überprüft werden können. Die Funktion der Meßschaltung ist folgende: Wird die Taste T geschlossen, so gelangt eine Gleich-

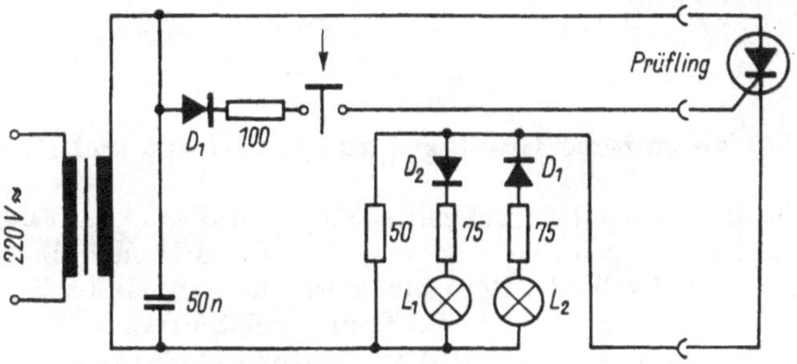

Abb. 156. Einfaches Thyristorprüfgerät ($D_{1,3}$ = 100 V/1,6 A, $L_{1,2}$ = 6 ··· 9 V/0,15 A)

spannung an die Steuerelektrode, der Thyristor wird leitend, und die Lampe L_1 leuchtet auf. Der Thyristor ist dann in Ordnung. Brennt L_1 auch ohne Steuerimpuls bereits, so liegt ein Fehler vor. Liegt eine zu geringe Sperrwirkung des Thyristors vor, so leuchten beide Lampen L_1 und L_2 auf. Leuchtet keine der Lampen auf, liegt eine Unterbrechung im Thyristor vor [36—40].

8. Thermische Messungen an Transistoren und Dioden

Ein schwieriges, vielfach nur mit größerem Aufwand zu lösendes Problem stellt beim Einsatz von Leistungstransistoren und Dioden die Wäremabführung aus dem Kristall dar. Bei Halbleitern aus Germanium liegt die höchstzulässige Temperatur bei etwa 75 °C und bei Siliziumhalbleitern bei etwa 125 °C. In den meisten Fällen wird die Leistungsgrenze von Transistoren und Dioden durch die auftretende Erwärmung des Kristalls festgelegt. Will man die zulässige Verlustleistung eines Transistors oder einer Diode rechnerisch bestimmen, so muß der Wärmewiderstand bekannt sein.

8.1. Wärmeableitung

Die im Halbleiterkristall umgesetzte Verlustleistung P_{tot} muß über das Transistor- oder Diodengehäuse und eine eventuell vorhandene Kühlschelle an die umgebende Luft abgegeben werden. Die den Halbleiter umgebende Luft besitzt die Temperatur T_U und die Halbleitersperrschicht die Temperatur T_j. Nach dem Gesetz der Wärmeleitung entsteht längs des Wärmewiderstandes R_{th} infolge des Wärmestromes P_{tot} ein Temperaturgefälle ΔT nach der Beziehung:

$$\Delta T = (T_j - T_U) = R_{th} P_{tot}.$$

Diese Formel besagt, daß der Wärmewiderstand R_{th} das Vermögen eines Körpers kennzeichnet, Wärme weiterzuleiten. Diese Formel könnte als das OHMsche Gesetz der Wärmeableitung bezeichnet werden. Tatsächlich lassen sich auch hier Reihen- und Parallelschaltungen der verschiedenen Wärmewiderstände vornehmen. Eine Reihenschaltung der Wärmewiderstände liegt vor, wenn der Wärmestrom die einzelnen Wärmeleiter nacheinander durchfließt. Es gilt dann

$$R_{tL} = R_{thG} + R_{thI} + R_{thK}$$

Es handelt sich also um die Reihenschaltung der Wärmewiderstände R_{thG} = Wärmewiderstand des Transistors zwischen Sperrschicht und Gehäuse, R_{thI} = Wärmewiderstand der Isolierscheibe des isoliert montierten Transistors und R_{thK} = Wärmewiderstand zwischen Kühlkörper und umgebendem Medium (meist Luft). Die Summe der einzelnen Wärmewiderstände ist der Summen-Wärmewiderstand R_{thL}, der bei Verwendung eines Kühlkörpers zwischen Sperrschicht und umgebender Luft auftritt. Selbstverständlich ist auch eine Teilung des Wärmestromes möglich, wenn z. B. ein Teil des Wärmestromes vom Transistorgehäuse direkt an die Luft und ein anderer Teil des Wärmestromes über den Transistorgehäuseboden über den Kühlkörper an die umgebende Luft abgegeben wird. Der Leitwert des Wärmewiderstandes ergibt sich dann zu:

$$\frac{1}{R_{th}} = \frac{1}{R_{thC}} + \frac{1}{R_{thK}} \approx \frac{1}{R_{thK}}.$$

Hierin bedeuten:

R_{thC} = Wärmewiderstand zwischen Gehäuse und umgebender Luft,

R_{thK} = Wärmewiderstand zwischen Kühlkörper und umgebender Luft.

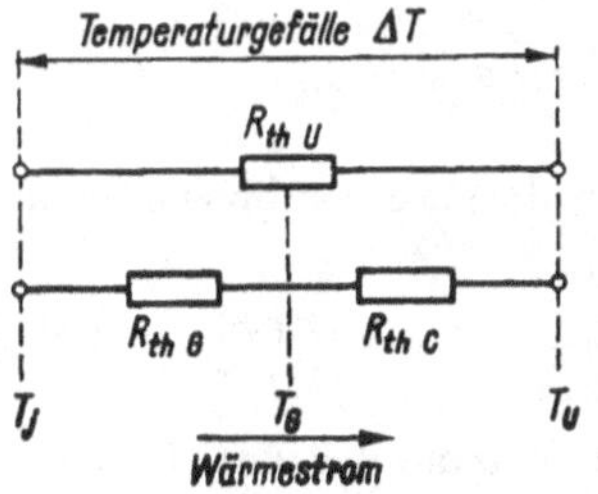

Abb. 157. Wärmewiderstand zwischen Sperrschicht und umgebender Luft bei Transistoren kleiner Leistung

Da meist $R_{thC} \gg R_{thK}$ ist, kann, da der Hauptteil der Wärme über den Kühlkörper abgeleitet wird, $1/R_{thC}$ meist vernachlässigt werden.

Bei der Wärmeabgabe von Transistoren kann man zwischen zwei Fällen unterscheiden.

1. Fall: Bei Transistoren kleiner Leistung wird die Verlustleistung direkt an die umgebende Luft vom Gehäuse abgegeben. In den Datenblättern der Hersteller wird für diese Typen der Wärmewiderstand R_{thU} zwischen Sperrschicht und umgebender Luft angegeben. Es gilt also $R_{thU} = R_{thG} + R_{thC}$. Hier gilt das Wärmewiderstandsersatzschaltbild Abb. 157. Die maximal zulässige Verlustleistung läßt sich dann ohne Schwierigkeit errechnen.

2. Fall: Bei Leistungstransistoren wird die Verlustleistung im wesentlichen über die notwendige Kühlvorrichtung abgegeben. In solchen Fällen geben die Hersteller den Wärmewiderstand R_{thG} an. Hier gilt für die Wärmewiderstandsverhältnisse Abb. 158. Zur Berechnung der maximalen Verlustleistung muß die Größe des Gesamtwärmewiderstandes R_{thL} bekannt sein, die sich aus

$$R_{thL} = R_{thG} + (R_{thI}) + R_{thK}$$

errechnen läßt. Die maximale Verlustleistung ergibt sich dann zu

$$P_{\text{tot}} = \frac{T}{R_{\text{thL}}} = \frac{(T_j - T_U)}{R_{\text{thL}}}.$$

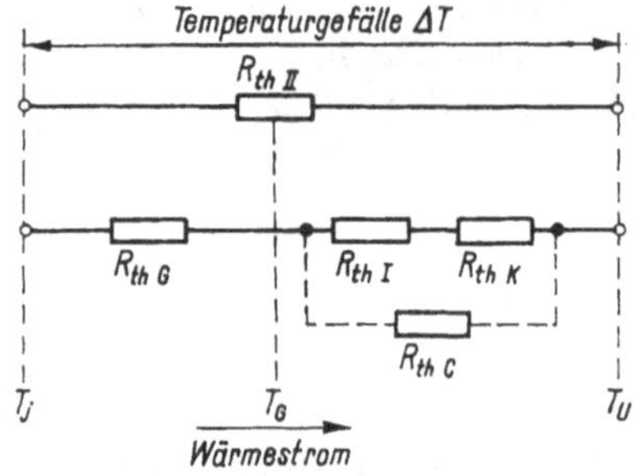

Abb. 158. Wärmewiderstand zwischen Sperrschicht und umgebender Luft bei Leistungstransistoren mit Kühlvorrichtung

8.2. *Methoden der Wärmewiderstandsmessung*

Für die Bestimmung des Wärmewiderstandes bieten sich verschiedene Möglichkeiten an:

1. Es wird eine bestimmte Verlustleistung im Kristall erzeugt und dabei die auftretende Erwärmung $\Delta\Theta$ gemessen.
2. Es wird im Kristall eine bestimmte Wärme erzeugt, und man mißt dabei die Verlustleistung P_{tot}.

Zur Leistungsmessung wird eine Strom-Spannungs-Messung benutzt, während zur Temperaturmessung die Temperaturabhängigkeit des Sperrstromes des Transistors oder die Durchlaßspannung der Diode benutzt wird.

Die Messung des Temperaturwiderstandes wird bei maximaler Wärmeabführung durchgeführt. Der Prüfling ist dabei auf einem Material mit extrem großer Wärmekapazität zu befestigen.

Dabei ist folgendes zu beachten. Bei kleineren Temperaturdifferenzen wird die Wärme vorwiegend durch direkte Wärmeleitung abgeführt, während mit wachsender Temperaturdifferenz der Anteil der Temperaturabstrahlung zunimmt. Dadurch werden die R_{th}-Werte mit zunehmender Verlustleistung kleiner. Deshalb ist es auch erforderlich, die R_{th}-Werte bei Leistungstransistoren und Leistungsdioden bei maximaler Kühlung zu messen. Wird R_{th} über die Sperrstrommessung ermittelt, so kann man bei 10 °C Temperaturzunahme mit einer Sperrstromzunahme von etwa 125% rechnen. Bei der Messung an Siliziumdioden tritt ein so kleiner Sättigungsstrom auf, der vom Leckstrom überdeckt wird, daß nur schwierig ein Zusammenhang mit der Temperatur festgestellt werden kann. Ein stabiles Verhalten der Sperrkennlinie ist bei Germaniumdioden sehr wichtig. Nach dem Erreichen des Sättigungsstromes darf dieser nicht spannungsabhängig sein. Bei kleinen, konstant eingespeisten Meßströmen nimmt im Durchlaßbereich die Spannung proportional mit der Temperatur ab. Je nach Diodentyp und Halbleitermaterial nimmt die Spannung etwa 1,8 ··· 2,4 mV/grd ab. Das Messen der Dioden im Durchlaßbereich bietet den Vorteil, daß diese Messung an Germanium- und Siliziumdioden durchgeführt werden kann. Hinzu kommt die Tatsache, daß Dioden im Durchlaßbereich ein stabileres Verhalten aufweisen als im Sperrbereich.

Die Temperaturabhängigkeit des Sperrstromes wird bei konstanter Spannung gemessen, während die Temperaturabhängigkeit der Durchlaßspannung bei konstantem Strom gemessen wird. Für Leistungsdioden kommen dabei Ströme bis zu etwa 20 mA in Frage, wogegen für kleinere Dioden und Transisto-

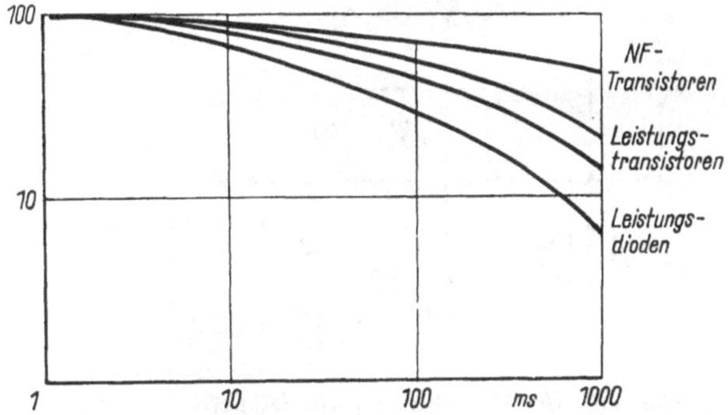

Abb. 159. Abkühlungskurve

ren Ströme von 0,1 ··· 1 mA Verwendung finden. Bei Messungen an Transistoren ist es grundsätzlich möglich, die Temperaturen der einzelnen Dioden des Transistors zu messen. Meist begnügt man sich aber mit der Kollektordiode in Sperrichtung $I_{CB0} = j(T)$ und in Durchlaßrichtung $U_{CB} = f(T)$.

Meist arbeiten R_{th}-Meßgeräte nach folgendem Prinzip: Es erfolgt eine definierte Belastung des Meßobjektes mit P_{tot}. Da die Messung des Sperrstromes oder der Durchlaßspannung nur im lastlosen Zustand erfolgen kann, muß bei der Messung eine kurzzeitige Lastunterbrechung der Belastung erfolgen. Bei kleiner thermischer Zeitkonstante würde jedoch, bei Unterbrechung der Last, die Temperatur erheblich abfallen. Um nun den Meßfehler möglichst klein zu halten, muß die Lastunterbrechung recht klein gehalten werden. Abb. 159 zeigt die Abkühlungskurve einiger Dioden und Transistoren.

Abb. 160 zeigt eine R_{th}-Meßschaltung für Dioden. Es wird hier eine sperrstromabhängige Messung durchgeführt. Die Spannungsquelle U_1 liefert 50-Hz-Rechteckimpulse für die Durchlaßbelastung der Diode, deren Amplituden mit Hilfe von R_1 eingestellt werden können. Gemessen wird der Mittelwert

Diodenstromes und der Spitzenwert der Diodenspannung. Die Verlustleistung ergibt sich somit zu

$$P_{\text{tot}}(W) = \bar{I}_{\text{D}}\,\hat{U}_{\text{D}}.$$

In Durchlaßrichtung wird die Siliziumdiode D_1 mit ihrem niedrigen Durchlaßwiderstand den Meßwiderstand $R_{\text{meß}}$ kurzschließen. Während der Lastunterbrechung liefert die Spannungsquelle U_2 über R_2 und den Meßwiderstand

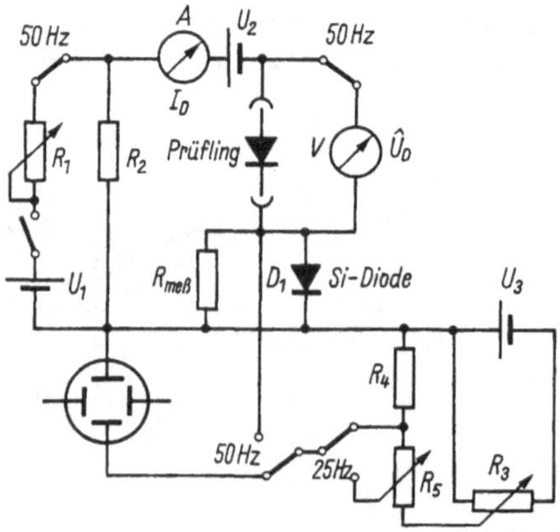

Abb. 160. R_{th}-Meßschaltung für Dioden

$R_{\text{meß}}$ den Sperrstrom, wobei D_1 gesperrt ist. Der Spannungsabfall über $R_{\text{meß}}$ wird über eine Relaisschaltung, die der Einblendung der Eichlinien dient, auf die Vertikalplatten eines Gleichspannungsoszillographen gegeben. Mit R_3 läßt sich die Nulleichung im unbelasteten Zustand und mit R_5 die Sperrstromerhöhung durchführen. Nach dem Einschalten der Belastung wird R_1 so eingestellt, daß die Eichlinie von den Meßimpulsen erreicht wird. Mit der ausgemessenen Leistung ergibt sich R_{th} zu

$$R_{\text{th}}(^{\circ}\text{C/W}) = \frac{\Delta\Theta\,[\text{grd}]}{P_{\text{tot}}\,[\text{W}]}.$$

Nach der Messung ist unbedingt zu überprüfen, daß bei erfolgter Entlastung die Meßimpulse wieder die Nullinie erreichen.

Abb. 161 zeigt ein R_{th}-Meßgerät für Germaniumtransistoren. Diese Meßschaltung arbeitet nach dem Prinzip der Sperrstromabhängigkeit. Mit Hilfe von R_1 läßt sich der Basisstrom einstellen, der den Kollektorstrom $\bar{I}_{\text{C}}$ bestimmt. Die Spannungsquelle U_2 liefert den Kollektorstrom und den Meßstrom I_{CB0}.

Die Verlustleistung ergibt sich aus dem Mittelwert des Kollektorstromes $\bar{I}_C$ und dem Spitzenwert $\hat{U}_{CE}$. Daraus lassen sich R_{th} zu

$$R_{th}[°C/W] = \frac{\Delta\Theta}{P_{tot}}$$

und die Verlustleistung zu

$$P_{tot}[W] = \bar{I}_C \hat{U}_{CE}$$

errechnen. Ein Diodenmeßgerät zur Messung von R_{th} mittels der Durchlaßspannungsabhängigkeit zeigt Abb. 162. In Stellung „Messen“ wird die Diode

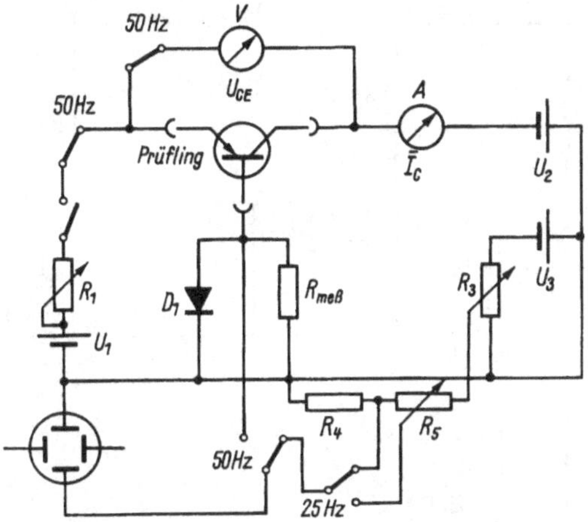

Abb. 161. R_{th}-Meßgerät für Germaniumtransistoren

von der Spannungsquelle U_1 mit Impulsen belastet. Dabei fließt $\bar{I}_D$. In der Schalterstellung „Dauerimpuls“ kann die Spitzenspannung bei belasteter Diode gemessen werden. Die Diodenverlustleistung ergibt sich zu

$$P_{tot}[W] = \bar{I}_D \hat{U}_D.$$

U_2 liefert über R_1 einen konstanten Meßstrom. Bei unbelasteter Diode, Schalterstellung „Abgleich“, wird mittels R_2 die Spannung U_2' auf die Diodenspannung abgeglichen (Nullabgleich).

Wird der Schalter in Stellung „Messen“ gebracht, so wird die Diode wieder belastet und mit R_3 das Galvanometer wieder auf Null abgeglichen. Die

Spannung ΔU gibt die Spannungsänderung an der Diode und somit den Temperaturanstieg an.

Die Lastunterbrechung sollte bei dieser Meßmethode nicht länger als 1 ··· 2 ms dauern. Der R_{th}-Wert ergibt sich zu

$$R_{th}[°C/W] = \frac{\delta \Delta U}{P_{ot}};$$

hierin ist $\delta = 1{,}8 \cdots 2{,}4$ mV/grd die Durchgangsspannung.

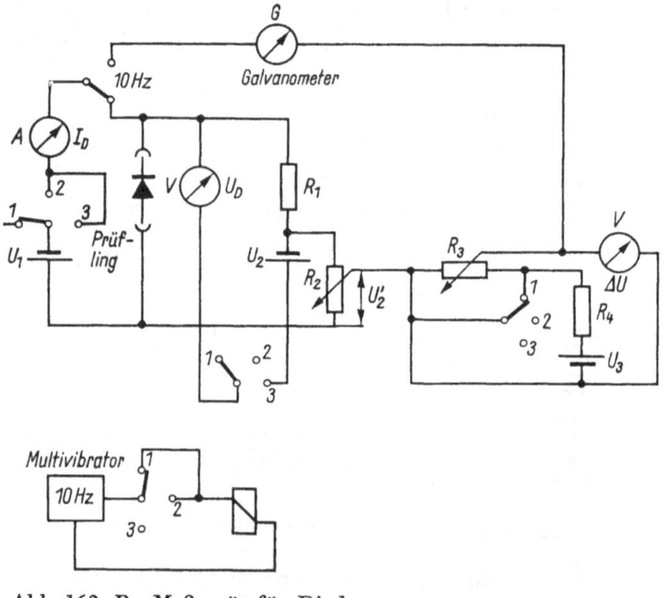

Abb. 162. R_{th}-Meßggrät für Dioden
(*1* = Abgleichen, *2* = Messen, *3* = Dauerimpuls)

Ein Meßgerät für Transistoren, das etwa nach dem gleichen Prinzip arbeitet, zeigt Abb. 163. Hier wird mit R_5 der Basisstrom und somit der Kollektorstrom $\bar{I}_C$ eingestellt. Es muß jedoch beachtet werden, daß während der Belastungszeit der Meßstrom $I_{meß}$ über U_1 und die Basis fließt. Da D_1 den Meßstrom über R_5 sperrt, kann $\bar{I}_C$ nicht kleiner als $I_{meß}\beta$ werden. Es muß deshalb $I_{meß}$ entsprechend klein gehalten werden, da es andernfalls zu einer Überlastung des Transistors kommen kann. Die Verlustleistung des Transistors ergibt sich zu

$$P_{tot}[W] = \bar{I}_C \hat{U}_{CE}$$

und der Wärmewiderstand nach [41–44]

$$R_{\text{th}}[°\text{C/W}] = \frac{\delta \Delta U}{P_{\text{tot}}}.$$

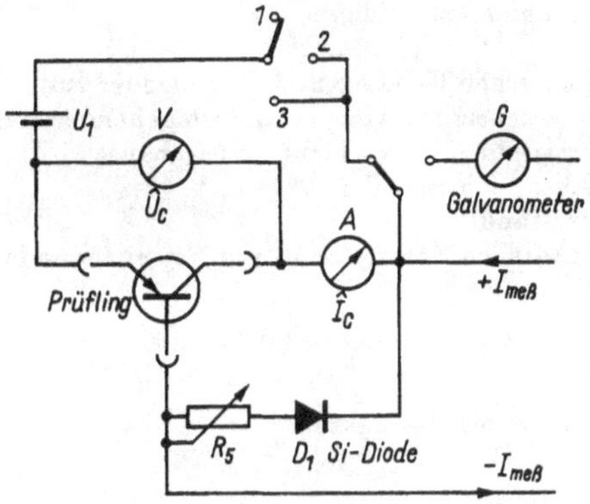

Abb. 163.
Einspeisung des Transistors gemäß Abb. 162

8.3. *Zusammenstellung der in den Abschnitten 3 bis 8 verwendeten wichtigsten Symbole*

Spannungen:

U_D	Diodenspannung
$-U_D$	Diodensperrspannung
U_0	abgenommene Gleichspannung
U_i	Spitzenwert der angelegten Wechselspannung
$U_{\sim}$	Wechselspannung
U_p	Höckerspannung
U_v	Talspannung
U_S	Schaltspannung
U_H	Haltespannung

Ströme:

I_D	Diodenstrom
$-I_D$	Diodensperrstrom
I_Z	ZENER-Strom
I_F	Flußstrom
I_E	ESAKI-Strom
I_p	Höckerstrom
I_v	Talstrom
I_C	Verschiebestrom
I_L	Gleichstrom in Durchlaßrichtung
I_H	Haltestrom

Widerstände:

r_b	Bahnwiderstand
r_D	Dämfungswiderstand
r_s	Sperrwiderstand
R_D	Verlustwiderstand einer Tunneldiode
$\Re_E$	Eingangswiderstand einer Tunneldiode
R_{th}	Wärmewiderstand
R_{thC}	Wärmewiderstand zwischen Gehäuse und umgebender Luft
R_{thK}	Wärmewiderstand zwischen Kühlkörper und umgebender Luft
R_{thG}	Wärmewiderstand zwischen Sperrschicht und Gehäuse
R_{thI}	Wärmewiderstand der Isolierscheibe
R_{thL}	Summenwärmewiderstand
R_{thU}	Wärmewiderstand zwischen Sperrschicht und umgebender Luft

Sonstige Symbole:

B	Bandbreite
B'	Bandbreite bei belastetem Schwingkreis
f_0	Resonanzfrequenz
ω	Kreisfrequenz
C_D	Diodenkapazität
η	Wirkungsgrad
$-\|G_N\|$	negativer Leitwert einer Tunneldiode
L_D	Serieninduktivität einer Tunneldiode
S_c	Steilheit
Q	Güte
ε	Dielektrizitätskonstante
ΔT	Temperaturgefälle
T_j	Temperatur der Halbleitersperrschicht
T_U	Temperatur der umgebenden Luft
P_{tot}	Verlustleistung
Θ	Erwärmung
δ	Durchgangsspannung

9. Messungen an photoelektrischen Halbleitern

9.1. Messungen an Photoelementen

Zum Zwecke der Umwandlung von Lichtströmen in elektrische Ströme werden meist Photozellen und Photoelemente eingesetzt. Bei der Photozelle macht man sich den äußeren photoelektrischen Effekt zunutze, bei dem beim Auftreffen von Licht auf einen Leiter Elektronen aus diesem austreten. Wird durch das Auftreffen von Licht auf einen Leiter der Austritt neuer Ladungsträger ausgelöst, so wird dieser Effekt als innerer photoelektrischer Effekt bezeichnet. Wird schließlich durch das Auftreffen von Licht der Elektronenfluß befähigt, eine Potentialschwelle zwischen einem Leiter und einem Halbleiter zu überwinden, so liegt der sogenannte Sperrschichteffekt vor.

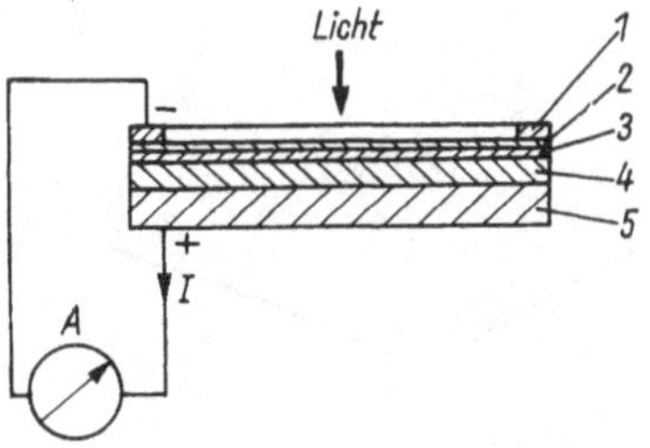

Abb. 164. Aufbauprinzip eines Selen-Photoelementes

(*1* = Kontaktring, *2* = durchsichtige Metallelektrode, *3* = Sperrschicht, *4* =Selenschicht, *5* = Trägermaterial)

Am verbreitetsten sind Sperrschicht-Selen-Photoelemente und Silizium-Photoelemente. Ihr prinzipieller Aufbau ist in Abb. 164 dargestellt. Fällt Licht auf das Element, so wandern die Elektronen aus der Selenschicht durch die Sperrschicht hin zur durchsichtigen Metallelektrode. Es entsteht somit zwischen dem Trägermaterial *5* und der Elektrode *2* eine elektrische Spannung. Der Leerlaufwert U_0 dieser Spannung nähert sich bei zunehmender Beleuchtungsstärke E einem Grenzwert von $\approx$ 0,5 V. Dieser Grenzwert ist dadurch bedingt, daß das Selen unter der Einwirkung der Lichtstrahlen einen kleiner werdenden inneren Widerstand aufweist, so daß der Innenwiderstand R_i

des Elementes kleiner wird. Wird das Element von einem endlichen Widerstand R_a abgeschlossen, so fließt der Photostrom J nach der Beziehung

$$J = \frac{U_0}{R_i + R_a}.$$

Mit Hilfe dieser Gleichung können die in Abb. 165 gezeigten Kennlinien ermittelt werden. Es zeigt sich, daß der Kurzschlußstrom

$$J_k = \frac{U_0}{R_i}$$

der Beleuchtungsstärke E proportional ist, obwohl U_0 und R_i nichtlineare Funktionen von E darstellen. Die Messung des Photostromes erfolgt gemäß Abb. 164.

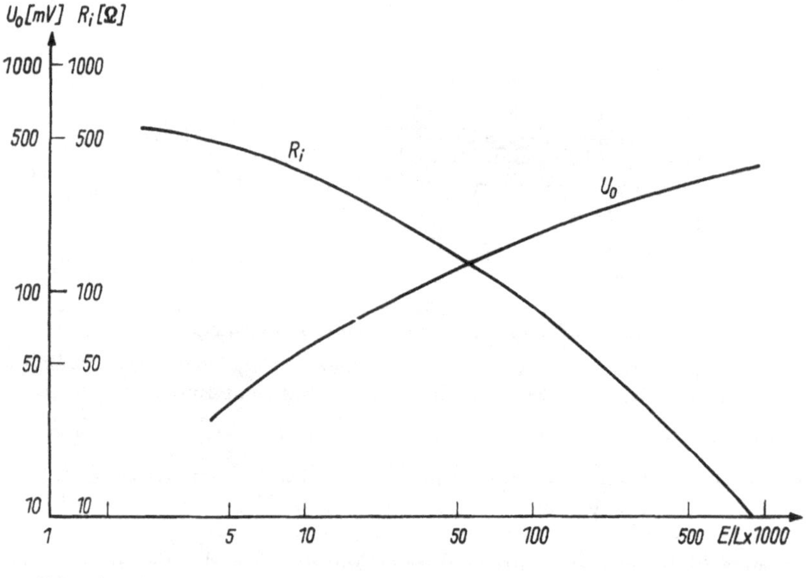

Abb. 165. Kennlinie eines Photoelementes

Den Einfluß unterschiedlicher Abschlußwiderstände zeigt Abb. 166 und die unterschiedliche relative spektrale Empfindlichkeit von Selen- und Silizium-Elementen Abb. 167.

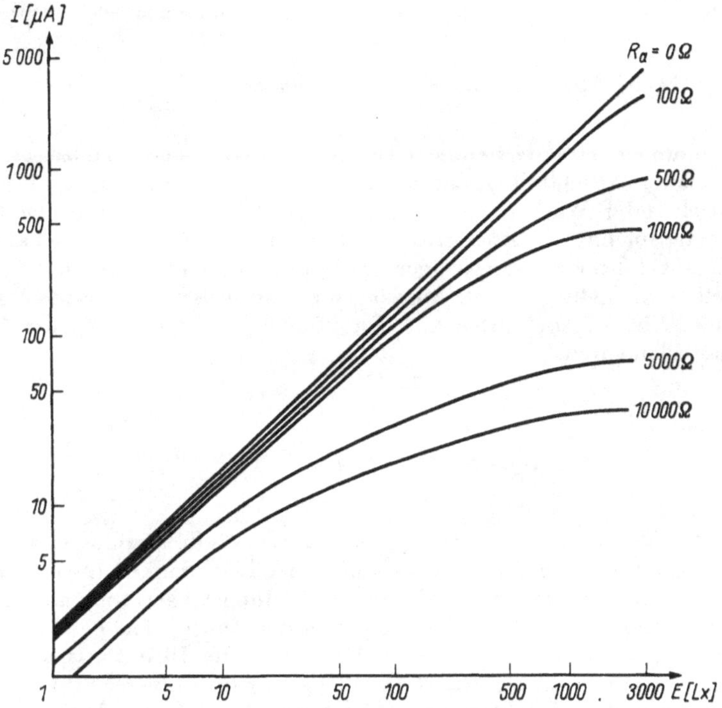

Abb. 166. Abhängigkeit des Photostromes eines Photoelementes von der Beleuchtungsstärke *E* und dem Abschlußwiderstand R_a

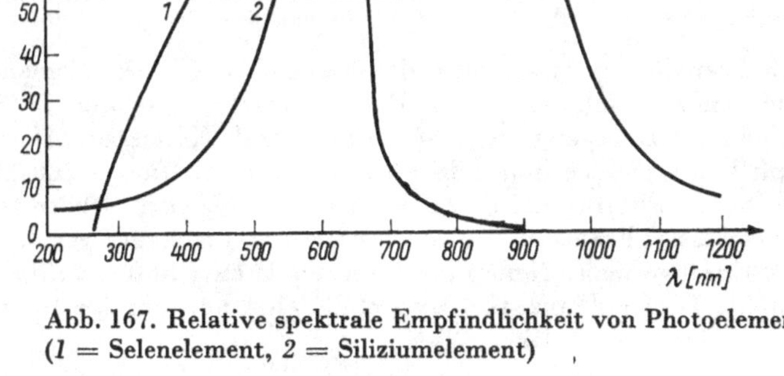

Abb. 167. Relative spektrale Empfindlichkeit von Photoelementen (*1* = Selenelement, *2* = Siliziumelement)

9.2. Messungen an Photowiderständen

Photowiderstände bestehen aus einem homogenen Halbleitermaterial, das mit zwei Anschlußkontakten versehen ist. An diese Kontakte wird eine Gleich- oder Wechselspannung angelegt. Wird der Photowiderstand einem Lichtstrom ausgesetzt, so tritt in ihm ein innerer lichtelektrischer Effekt auf, der zusätzliche Ladungsträger erzeugt, so daß im äußeren Stromkreis ein Hellstrom fließt. Je nach Ausgangsmaterial weisen Photowiderstände unterschiedliche Eigenschaften auf. Die Messung erfolgt analog der Messung an Photoelementen.

9.3. Messungen an Photodioden

Photodioden sind im Prinzip wie normale Halbleiterdioden aufgebaut. Sie verfügen über zwei Bereiche verschiedener Leitfähigkeit (n- bzw. p-Leitung). In diesen befinden sich die freien Ladungsträger auf unterschiedlichen Potentialen, so daß am Übergang zwischen den beiden Bereichen die Diffusionsspannung (Potentialdifferenz) auftritt. Die Diffusionsspannung ist von außen nicht meßbar. Die Photodiode wird in Sperrichtung vorgespannt betrieben. Dabei addiert sich die Vorspannung zur Diffusionsspannung. Trifft auf die Photodiode ein Lichtstrom, so entstehen Ladungsträger, die in das Gebiet des geringeren Potentials gezogen werden. Es kommt somit zu einer Erhöhung des Sperrstromes. Die Summe aus dem ursprünglichen und dem durch Lichteinwirkung erhöhten Sperrstrom bezeichnet man als Hellstrom. Die Messungen an Photodioden entsprechen denen an Photoelementen und denen an Dioden.

9.4. Messungen an Phototransistoren

Auch Transistoren lassen sich als photoelektrische Bauelemente einsetzen. Der lichtempfindliche Teil des Phototransistors ist der in Sperrichtung betriebene pn-Übergang zwischen Basis und Kollektor. Hier spielt sich prinzipiell der gleiche Vorgang ab wie an Photodioden. Zusätzlich findet jedoch beim Phototransistor eine Verstärkung des Photostromes statt. Messungen an Phototransistoren werden entsprechend der Transistormeßtechnik durchgeführt. Neuerdings werden auch Photofeldeffekttransistoren hergestellt. Dieser Transistorentyp stellt eine hochohmige Steuerquelle mit geringster Rauschzahl dar.

Abb. 168 zeigt eine Zusammenstellung der Schaltzeichen für photoelektrische Halbleiterbauelemente und Abb. 169 die relative spektrale Empfindlichkeit verschiedener photoelektrischer Halbleiterbauelemente [45—47].

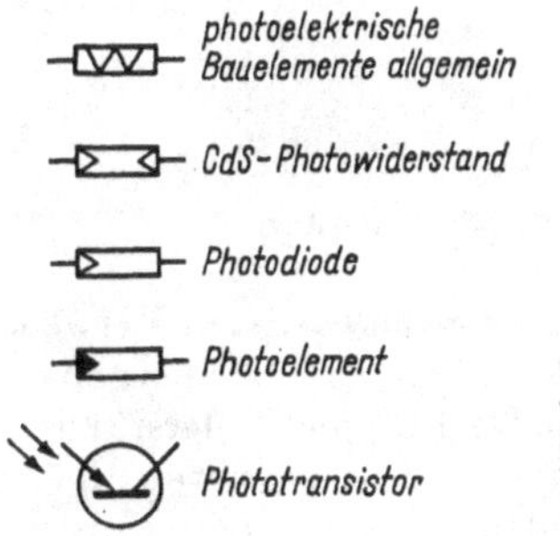

Abb. 168.
Schaltzeichen für photoelektrische Bauelemente

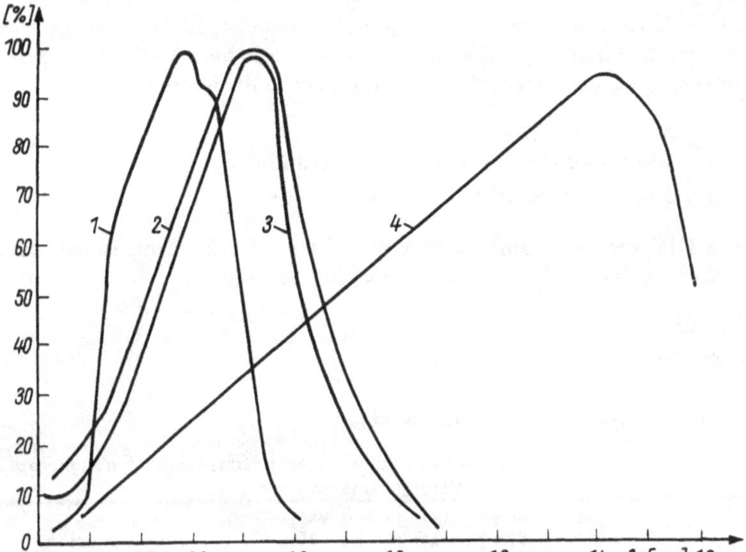

Abb. 169. Relative spektrale Empfindlichkeit einiger Halbleiterbauelemente in Abhängigkeit von der Wellenlänge
(*1* = CdS-Photowiderstand, *2* = Silizium-Photodiode bzw. Silizium-Phototransistor, *3* = rotempfindliche Photokatode, *4* = Germanium-Photodiode bzw. Germanium-Phototransistor)

10. Messungen an Halbleiterwiderständen

Halbleiterwiderstände werden für die verschiedensten Verwendungszwecke hergestellt. Oftmals werden diese Widerstände auch als keramische Halbleiter bezeichnet. Die Werkstoffe zur Herstellung dieser Widerstände bestehen aus komplizierten Mehrstoffsystemen, deren Komponenten im wesentlichen Karbide und Oxide sind. Beim technologischen Fertigungsprozeß werden die Grundstoffe bei hohen Temperaturen gesintert, so daß im Material Halbleitereigenschaften entstehen. Die Halbleiterwiderstände werden in verschiedene Gruppen eingeteilt, die ein unterschiedliches Verhalten gegenüber bestimmten Temperaturen oder Spannungsverhältnissen zeigen. Man unterscheidet

a) temperaturabhängige Widerstände,
b) spannungsabhängige Widerstände.

In der DDR werden vom VEB Keramische Werke Hermsdorf derartige Widerstände gefertigt, die vom Werk aus in folgende Gruppen eingeteilt werden:

Temperaturabhängige Widerstände:

Buchstabenschlüssel	Verwendungszweck
TNA	Anlaßwiderstände für Rundfunk- und Fernsehempfänger, Relais-Verzögerungswiderstände
TNI	indirekt geheizte Widerstände
TNK	Kompensations- und Meßwiderstände in Scheibenform
TNM	Meßwiderstände in Stabform
TNR	Regelwiderstände in Miniaturausführung
TNS	Spezialwiderstände in Perlform
TNV	Vakuum-Meßwiderstände
SB	Bausteinwiderstände
SR	Ringwiderstände
SS	Stabwiderstände
SU	Überspannungsableiterscheiben
SV	Varistoren
SW	Hochleistungswiderstände

FD Dämpfungswiderstände
FE Entstörwiderstände
FZ Zündwiderstände

Der erste Buchstabe kennzeichnet dabei die Grundeigenschaft des Typs:

T = temperaturabhängiger Widerstand,
S = spannungsabhängiger Widerstand,
F = Festwiderstand.

In den folgenden Abschnitten soll auf die Eigenschaften, Kennwerte und Kennlinien dieser Bauelemente näher eingegangen werden. Die Meßtechnik dieser Widerstände ist recht einfach und unterscheidet sich im wesentlichen nicht von der Meßtechnik an normalen ohmschen Widerständen.

10.1. Messungen an temperaturabhängigen Widerständen

Temperaturabhängige Widerstände (TN-Typen) werden als Thermistoren bezeichnet. Beim Einsatz derartiger Widerstände in Heizkreisen werden sie

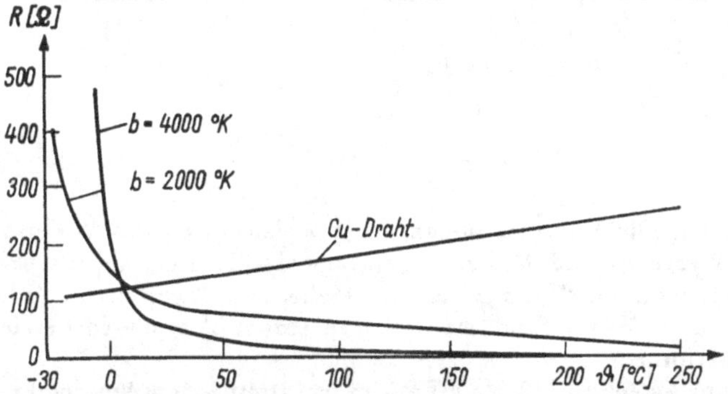

Abb. 170. Abhängigkeit des Widerstandes von der Temperatur für Kupfer und zwei unterschiedliche Thermistoren

meist als Heißleiter bezeichnet. Wie der Name Heißleiter bereits vermuten läßt, zeichnen sich diese Typen durch einen stark negativen Temperaturkoeffizienten aus. Im Gegensatz zu metallischen Leitern und metallischen Widerständen, bei denen der Widerstand in einem größeren Temperaturbereich nach der Beziehung

$$R_1 = R_0(1 + \alpha\vartheta)$$

bestimmt werden kann, verläuft die Temperaturabhängigkeit des Widerstandes bei Thermistoren nach einer logarithmischen Beziehung gemäß Abb. 170.

Die Abbildung zeigt den Widerstandsverlauf zweier unterschiedlicher Thermistortypen und den eines Kupferwiderstandes. In einer ln R-$1/T$-Darstellung ergibt sich ein fast linearer Kurvenverlauf, wie er in Abb. 171 zu sehen ist. Die Abhängigkeit des Widerstandes läßt sich durch die Beziehung

$$R = a\mathrm{e}^{1/T} \tag{1}$$

angenähert darstellen. In der Gleichung bedeuten:

R = Widerstand (in Ω) des Thermistors bei einer absoluten Temperatur T (in °K),

a = Mengenkonstante (von den Widerstandswerkstoffen und Formen des Widerstandes abhängig),

e = Basis des natürlichen Logarithmus (e = 2,718),

T = absolute Temperatur (in °K); es gilt $T[°\mathrm{K}] = 273 + t[°\mathrm{C}]$,

b = Energiekonstante (in °K), die die Größe der Temperaturabhängigkeit bei 20 °C bestimmt.

Unter Verwendung von Gleichung (1) läßt sich die Energiekonstante nach

$$b = \frac{\ln R_1 - \ln R_2}{\dfrac{1}{T_1} - \dfrac{1}{T_2}} \tag{2}$$

bestimmen. Die Energiekonstante kann also durch die Widerstandsmessung zweier Werte R_1 und R_2 bei den unterschiedlichen Temperaturen T_1 und T_2 bestimmt werden. Wenn in den Herstellerunterlagen nicht anders vermerkt, wird b durch Widerstandmessungen in einem Temperaturbereich von 20 bis 50 °C bestimmt.

Wie aus Gleichung (2) zu erkennen ist, stellt b den Anstieg in der ln R-$1/T$-Kurve von Abb. 171 dar.

Zwischen der Energiekonstante und der Aktivierungsenergie besteht der Zusammenhang

$$b = 5800 \Delta E.$$

Hier wird ΔE in eV angegeben. Strenggenommen gilt die Formel (1) nur für einen relativ kleinen Temperaturbereich. Bei höheren Temperaturen treten Abweichungen auf. Genauere Werte liefert die Gleichung

$$\varrho = A T^{-D} \mathrm{e}^{B/T}.$$

In dieser Gleichung bedeuten:

ϱ = spezifischer Widerstand (in Ω cm) bei der Temperatur T (in °K),
A = Konstante,
B = Energiekonstante (in °K),
T = absolute Temperatur (in °K),
D = kleine negative Größe in Abhängigkeit vom Halbleiterwerkstoff und der Form des Widerstandes.

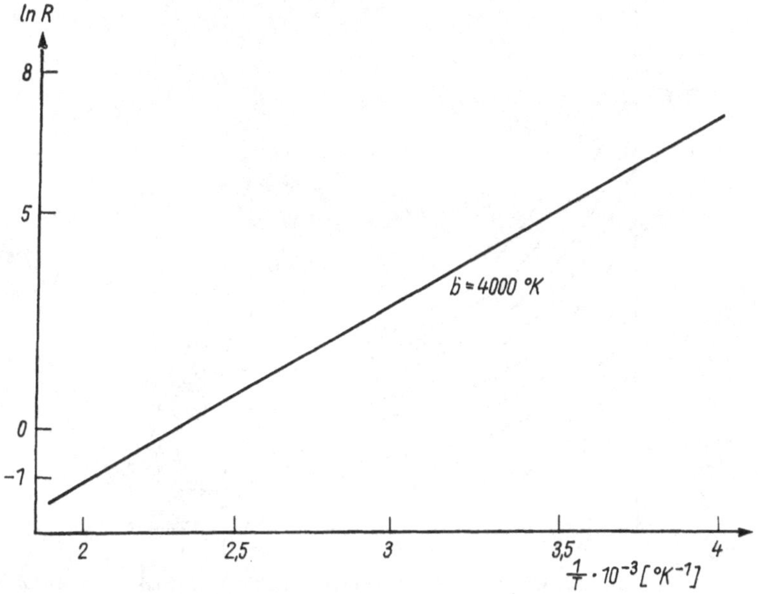

Abb. 171. Temperaturabhängigkeit eines Thermistors in einer ln R-$1/T$-Darstellung

Für die meisten Anwendungsfälle kommt man jedoch mit hinreichender Genauigkeit mit Gleichung (1) aus. Unter Zugrundelegung von Gleichung (1) ergibt sich der Temperaturkoeffizient des elektrischen Widerstandes zu

$$\alpha_\varrho = -\frac{b}{T^2}.$$

Da jedoch α_ϱ bei jeder Temperatur unterschiedlich ist, muß als kennzeichnende Größe für die Temperaturabhängigkeit b des Halbleiterwiderstandes angegeben werden. Aus der Darstellung in Abb. 172 läßt sich ϱ bei gegebenem b bestimmen.

Werden Thermistoren bei extrem hohen Temperaturen eingesetzt, so müssen sie mit flüssiger Luft gekühlt werden.

Allgemein gilt, daß in grober Näherung b dem Logarithmus des spezifischen Widerstandes proportional ist:

$$b \sim \ln \varrho .$$

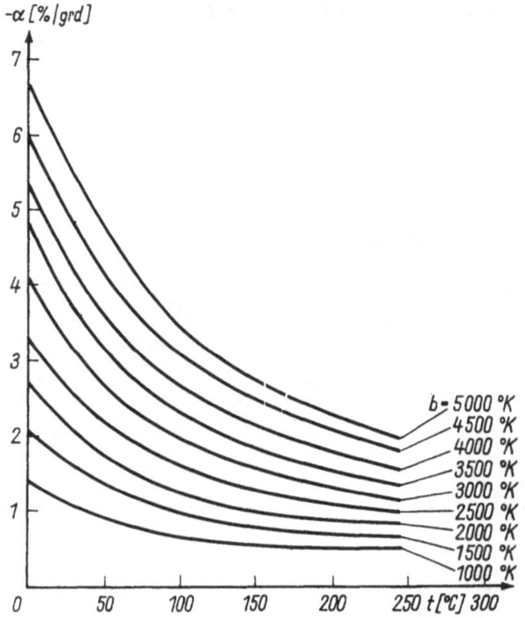

Abb. 172. Diagramm zum Ablesen des Temperaturkoeffizienten α_ϱ bei bekannter Konstante b

Abb. 173 zeigt die Mittelwerte einiger Widerstandswerkstoffe in einem b-$\ln \varrho$-Diagramm.

Strom-Spannungs-Kennlinie. In Abb. 174 ist die Strom-Spannungs-Kennlinie in linearem, in Abb. 175 in doppelt-logarithmischem Maßstab dargestellt. Im Bereich des Kurvenbeginnes herrscht noch Proportionalität zwischen Strom und Spannung. Es gilt also hier noch die Linearität der ohmschen Beziehung, da keine Eigenerwärmung auftritt. Mit steigender Temperatur (Erwärmung) ist jedoch ein Abfall des Widerstandes zu verzeichnen. Ein Maximum im Spannungsabfall tritt bei der Temperatur

$$T_{U\max} = \frac{b}{2} - \sqrt{\frac{b^2}{4} - b\,T_0}$$

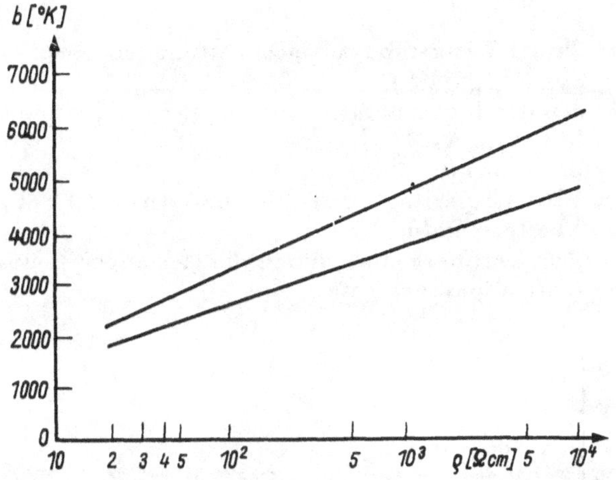

Abb. 173. Abhängigkeit von b vom Logarithmus des spezifischen Widerstandes bei TN-Werkstoffen

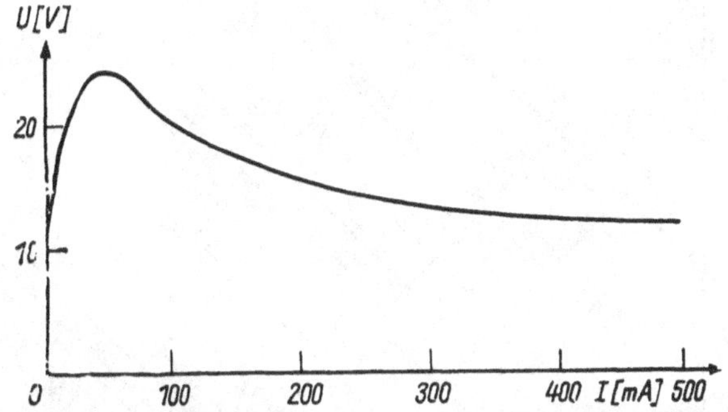

Abb. 174. Strom-Spannungs-Kennlinie eines Widerstandes in linearer Darstellung

auf. In dieser Gleichung ist T_0 die Umgebungstemperatur der Luft. Wird die Wärmeabführung des Thermistors geändert, was z. B. durch Änderung der Umgebungstemperatur oder durch Veränderung der Montageart erfolgen könnte, so gelten die ermittelten Kennlinien selbstverständlich nicht mehr und müssen neu ermittelt werden. Bei verschiedenen Schaltungsanordnungen kann die jeweilige Einstellung des Gleichgewichtszustandes nach einer Strom-Spannungs-Änderung nicht angewendet werden. Bei zeitlich veränderlichem Betrieb gilt deshalb die Differentialgleichung

$$UI\,\mathrm{d}r = H\,\mathrm{d}\vartheta - C\vartheta\,\mathrm{d}\tau.$$

In der Gleichung bedeuten:

U	= die am Widerstand zu einem bestimmten Zeitpunkt anliegende Spannung (in V),
I	= den durch den Widerstand zum gleichen Zeitpunkt fließenden Strom (in A),
$d\tau$	= Zeitelement,
H	= Wärmekapazität des Halbleiterkörpers (in J/grd),
ϑ	= Übertemperatur,
$d\vartheta$	= Temperaturerhöhung durch die elektrische Leistung (in grd),
C	= Dissipationskonstante.

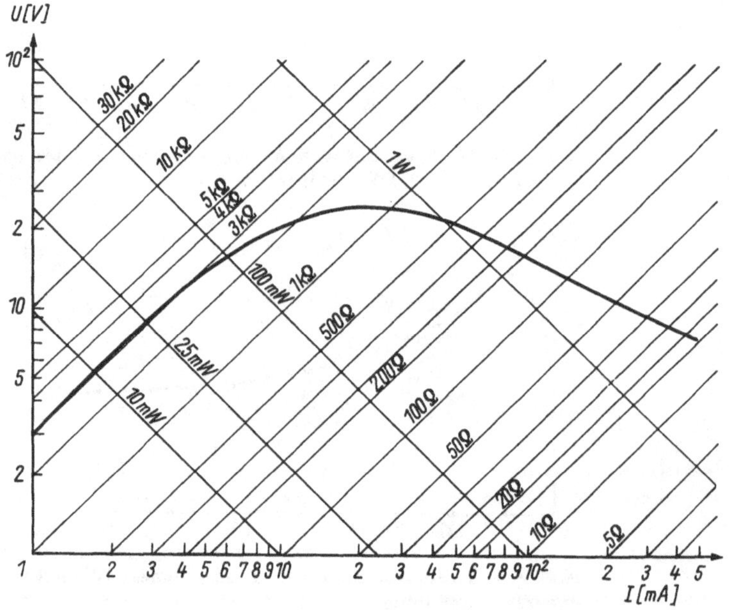

Abb. 175. Strom-Spannungs-Kennlinie eines Widerstandes in doppelt-logarithmischer Darstellung

Die Gleichung besagt, daß die dem Halbleiterwiderstand pro Zeiteinheit zugeführte Wärme eine Temperaturerhöhung $d\tau$ erzeugt, die von der Wärmekapazität des Widerstandes abhängig ist und eine der Dissipationskonstante und der Übertemperatur proportionale Wärmeabgabe deckt.

Abkühlungskennlinie. Eine für manchen Schaltungseinsatz sehr wichtige Größe ist die Erholzeit des Halbleiterwiderstandes. Hierbei handelt es sich um die Zeit, die der Thermistor benötigt, um bei der Abkühlung von der Bezugstemperatur, die bei den einzelnen Typen sehr unterschiedlich ist, auf 20 °C in ruhender Luft seinen halben Kaltwiderstand anzunehmen. Meßtechnisch wird die Abkühlungskurve, wie sie für einen Thermistor mit 12 V Nennspannung und 300 mA Nennstrom in Abb. 176 gezeigt wird, wie folgt aufgenommen:

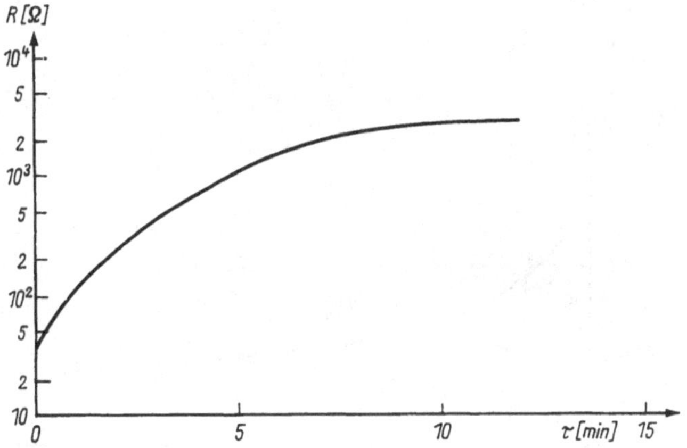

Abb. 176. Abkühlung eines Widerstandes

In einem Thermostaten wird der Prüfling auf die Bezugstemperatur (meist 500, 250, 150 oder 120 °C) aufgeheizt. Nach schnellem Herausnehmen aus dem Thermostaten wird die Widerstandsänderung bei ruhender Luft und einer Temperatur von 20 °C in Abhängigkeit von der Zeit gemessen und graphisch aufgetragen. Für die Abkühlungskurve gilt die Beziehung

$$H\,\mathrm{d}\vartheta = -C\vartheta\,\mathrm{d}\tau.$$

Der Wert $H/C = -\vartheta\,\mathrm{d}\tau/\mathrm{d}\vartheta = \tau^+$ wird als Zeitkonstante bezeichnet. Es ist die Zeit, in der die Temperatur des Thermistors auf den e-ten Teil ihres Anfangswertes absinkt.

Aufheizkennlinie. Die Aufheizkennlinien geben den zeitlichen Verlauf der Widerstandsänderung von Thermistoren bei der Erwärmung an. Je nach Einsatzzweck werden die Aufheizkennlinien bei unterschiedlichen Bedingungen ausgemessen. Werden Thermistoren als Anlaßwiderstände (Heißleiter) eingesetzt (Rundfunk- und Fernsehtechnik), so wird wie folgt vorgegangen:

Der Thermistor wird in Reihe mit einem ohmschen Widerstand an 220 V Netzspannung gelegt. Der Vorwiderstand ist dabei so zu bemessen, daß beim

Einstellen des Gleichgewichtszustandes am Thermistor die Nennspannung steht und der Nennstrom fließt. Aus den gemessenen Strom- und Spannungswerten wird der Widerstandswert errechnet und über der Zeit aufgetragen. Abb. 177 zeigt eine solche Aufheizkurve.

Da der den Thermistor durchfließende Strom diesen aufheizt, kann man bei nicht zu hohen Temperaturen mit der Annahme auskommen, daß die Wärmeverlustleistung W der Übertemperatur ϑ proportional ist:

$$W = C\vartheta.$$

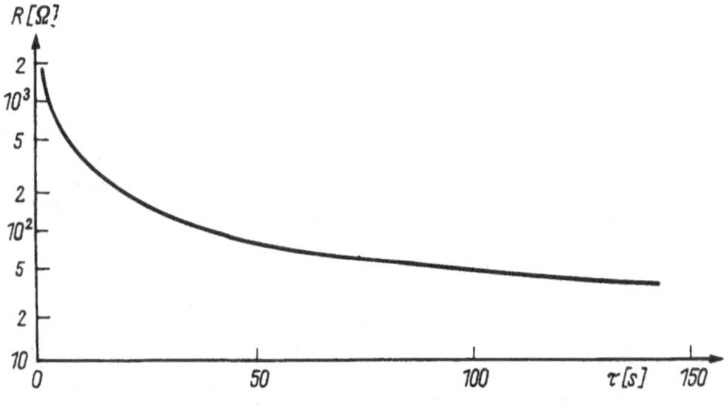

Abb. 177. Aufheizkurve eines Widerstandes

Die Größe C bezeichnet man als Dissipationskonstante. Sie wird in mW/grd Übertemperatur angegeben. Der Widerstand des Thermistors nimmt in Abhängigkeit von der zugeführten Leistung im statischen Betrieb den Wert

$$R = a \exp\left\{-\frac{b}{T^2}\frac{W}{C}\right\}.$$

Die Größe $1/C$ kennzeichnet die Empfindlichkeit des Thermistors. Sie stellt die Temperaturerhöhung pro zugeführter Leistungseinheit dar. Der Leistungsbedarf für 1% Widerstandserhöhung ist somit

$$\Delta W = \frac{CT^2}{100b} \qquad \text{oder} \qquad \Delta W = \frac{C}{100\alpha_\varrho}.$$

Werden Thermistoren für Meßzwecke eingesetzt, so werden sie durch die Umgebungstemperatur aufgeheizt. Die Aufheizkennlinie wird dann mit Hilfe eines Thermostaten aufgenommen, in den der Prüfling eingesetzt wird. Die entsprechende Bezugstemperatur wird eingeregelt und die Strom-Spannungs-Kennlinie über der Zeit aufgenommen.

Kennlinienkorrekturen. Eine Kennlinienkorrektur läßt sich prinzipiell durch eine Reihenschaltung zweier Thermistoren vornehmen. Bei der Reihenschaltung zweier Thermistoren mit den Werten R_1, b_1 und R_2, b_2 ergibt sich der resultierende Widerstand zu $R_s - b_s$. Es gilt

$$R_s = R_1 + R_2,$$

$$\frac{d(\ln R_s)}{d(1/T)} = b_s T = \frac{R_1 b_1 + R_2 b_2}{R_1 + R_2},$$

und bei Serienschaltung von n Thermistoren gilt

$$b_s(T) = \frac{1}{R} \sum_{i=1}^{n} R_i b_i \qquad \text{mit} \qquad R = R_1 + R_2 + \cdots + R_n.$$

Wird anstelle eines Thermistors ein normaler ohmscher Widerstand R eingesetzt, so ergibt sich b zu Null. Die Serienschaltung eines Thermistors mit einem ohmschen Widerstand ergibt somit bei kleinerem b-Wert der Kombination eine Vergrößerung des Widerstandswertes. Schaltet man dagegen zwei Thermistoren mit den Werten R_1, b_1 und R_2, b_2 parallel, so ergibt sich der resultierende Widerstand zu

$$R_p = \frac{R_1 R_2}{R_1 + R_2} \qquad \text{und} \qquad b_p(T) = \frac{b_1 R_2 + b_2 R_1}{R_1 + R_2}.$$

Bei Parallelschaltung von n Thermistoren gilt

$$b_p(T) = R \sum_{i=1}^{n} \frac{b_i}{R_i} \qquad \text{mit} \qquad \frac{1}{R_1} + \frac{1}{R_2} + \cdots + \frac{1}{R_n} = \frac{1}{R}.$$

Bei Einbeziehung von ohmschen Widerständen in die Schaltung gilt auch hier $b = 0$. Die Einbeziehung eines ohmschen Widerstandes in eine Parallelschaltung verkleinert also den Widerstandswert und den b-Wert der Kombination.

Frequenzverhalten. Zum Frequenzverhalten von Thermistoren muß folgendes bemerkt werden. Thermistoren weisen eine Frequenzabhängigkeit ihres elektrischen Verhaltens auf. Werden Messungen mit Gleichstrom oder Wechselstrom 50 Hz durchgeführt, so ist kaum ein Unterschied in den Meßwerten festzustellen. Bei höheren Frequenzen macht sich jedoch der Einfluß der Dielektrizitätskonstante des verwendeten Werkstoffes bemerkbar. Die Frequenzabhängigkeit des Realteiles, der Kapazität und der relativen

Dielektrizitätskonstante geht aus den Abbildungen 178, 179 und 180 hervor. Abb. 181 zeigt den Verlauf der Temperaturabhängigkeit des Scheinwiderstandes für den reellen Widerstand und die Kapazität.

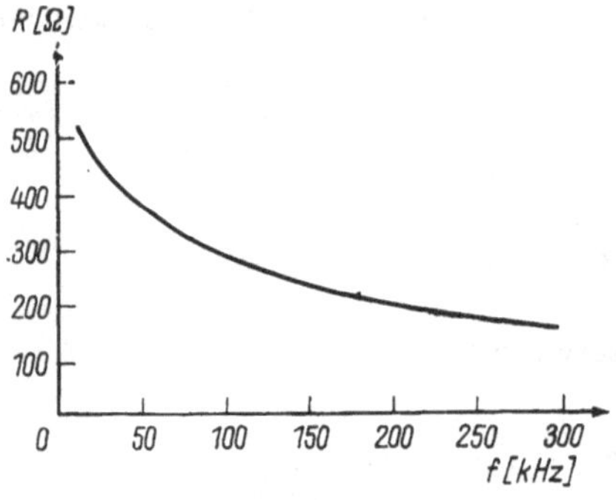

Abb. 178. Frequenzabhängigkeit des reellen Widerstandes eines TNK-Widerstandes

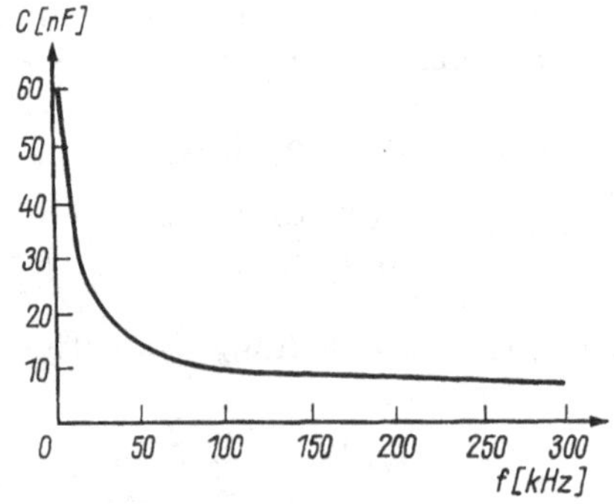

Abb. 179. Frequenzabhängigkeit der Kapazität eines TNK-Widerstandes

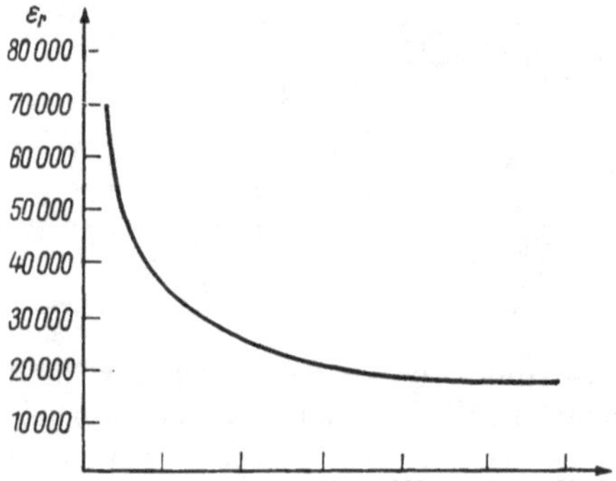

Abb. 180. Frequenzabhängigkeit der relativen Dielektrizitätskonstante eines TNK-Widerstandes

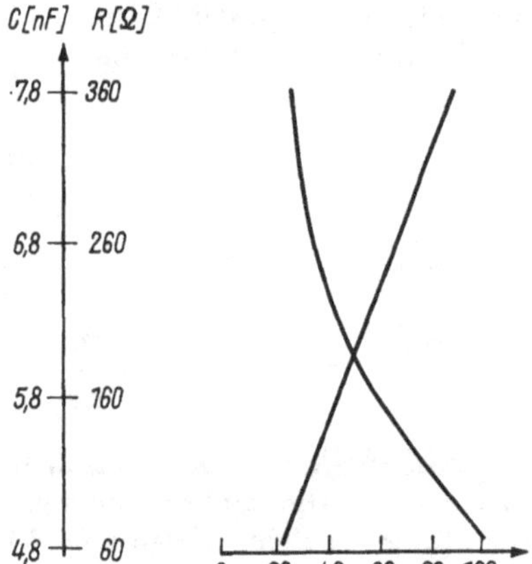

Abb. 181. Temperaturabhängigkeit des reellen Widerstandes bei einem TNK-Widerstand
(*1* = Temperaturabhängigkeit des reellen Widerstandes,
2 = Temperaturabhängigkeit der Kapazität

10.2. Messungen an spannungsabhängigen Widerständen

Spannungsabhängige Widerstände werden als Varistoren bezeichnet. Ihr elektrischer Widerstand ist für einen großen Strombereich nach der Beziehung

$$R = \frac{C}{I^{(1-\beta)}} \tag{3}$$

spannungsabhängig. In dieser Gleichung sind C und β Widerstandskonstanten. C entspricht zahlenmäßig dem Spannungswert, der am Widerstand liegen würde, wenn durch ihn ein Strom von 1 A fließen würde. β stellt eine Nicht-

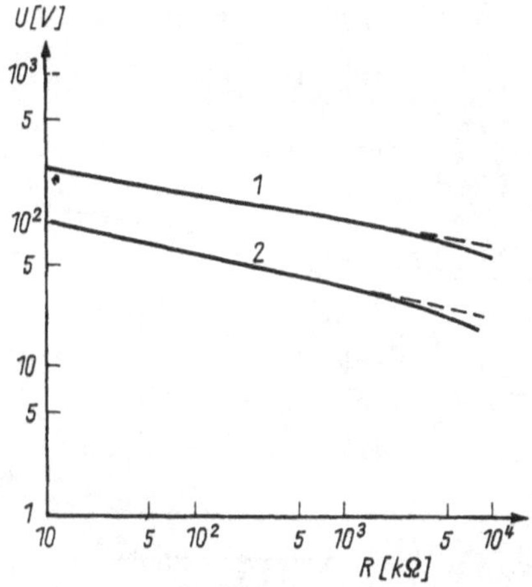

Abb. 182.
Spannungsabhängigkeit des elektrischen Widerstandes eines SV-Typs
(*1* $\beta = 0{,}19$, *2* $\beta = 0{,}22$)

linearitätskonstante dar, die die Größe der Spannungsabhängigkeit angibt. Abb. 182 zeigt den Einfluß von β auf die Spannung. Der gestrichelte Teil der Kurven deutet den Bereich an, in dem strenggenommen Gleichung (3) nicht mehr genau gilt, so daß mit Abweichungen gerechnet werden muß.

Zwischen dem Strom und der Spannung besteht die Beziehung

$$U = CI^{\beta}. \tag{4}$$

β kann somit für einen Varistor aus der Gleichung

$$\beta = \frac{\lg U_1 - \lg U_2}{\lg I_1 - \lg I_2} \tag{5}$$

gewonnen werden. β stellt den Anstieg der Strom-Spannungs-Kennlinie im doppeltlogarithmischen Maßstab dar. Da diese Art von Halbleiterwiderständen ohnehin nur eine geringe Belastung verträgt, ist der Fehler, der bei großen Strömen auftritt (bei Verwendung der Gleichungen (4) und (5)), ohnehin von geringer Bedeutung für die Praxis. Für kleinere Ströme kann dieser Fehler jedoch von Bedeutung sein, so daß bei kleineren Strömen dann nach der Beziehung

$$U = C_1 I^{\beta} + C_2 I$$

gerechnet werden muß. Abb. 183 zeigt die Strom-Spannungs-Kennlinie in linearem Maßstab und Abb. 184 in doppelt-logarithmischem Maßstab. Ein Nomogramm zur Bestimmung der Hilfsgröße C zeigt Abb. 185.

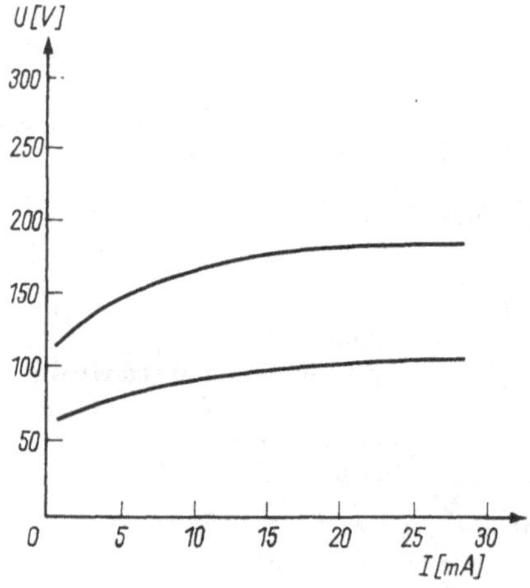

Abb. 183. Strom-Spannungs-Kennlinie eines SV-Typs

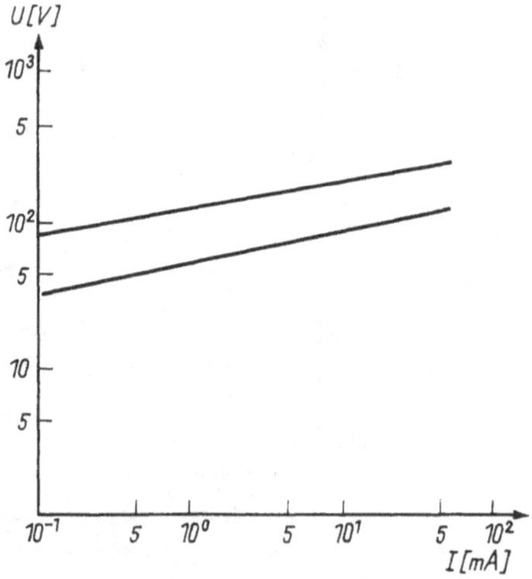

Abb. 184. Strom-Spannungs-Kennlinie eines SV-Typs in doppeltlogarithmischem Maßstab

Verlustleistung. Die Verlustleistung eines Varistors berechnet sich nach

$$N = UI = CI^{\beta+1},$$

wobei die höchstzulässige elektrische Verlustleistung durch die maximale thermische Belastbarkeit des Varistors bestimmt wird. Die entwickelte Wärmemenge läßt sich annähernd nach

$$W = UI\tau n \cdot 10^{-6} \text{ [Ws]}$$

bestimmen. In der Gleichung sind:

τ = Impulsdauer (in µs), I = Strom (in A),
U = Spannung (in V), n = Impulszahl.

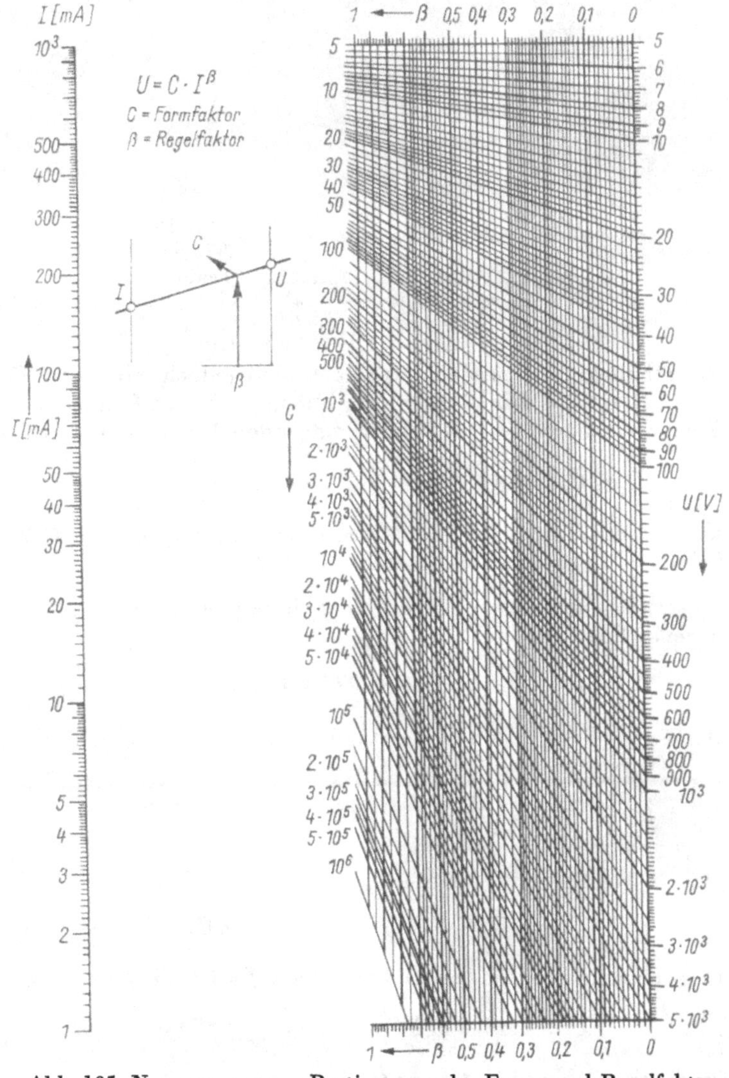

Abb. 185. Nomogramm zur Bestimmung des Form- und Regelfaktors

Temperaturabhängigkeit der Strom-Spannungs-Kennlinie. Die Strom-Spannungs-Kennlinie weist eine Temperaturabhängigkeit auf, wie sie in Abb. 186 dargestellt ist. Aus diesem Kurvenanstieg und Gleichung (5) kann entnommen werden, daß der β-Wert in diesem Temperaturbereich nur sehr wenig tempe-

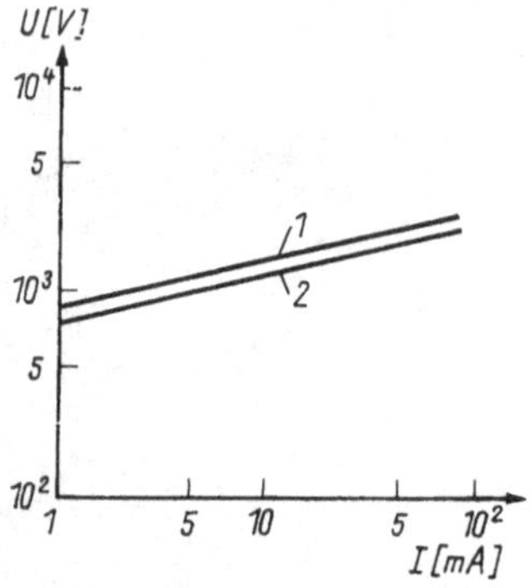

Abb. 186.
I-U-Kennlinie bei verschiedenen Temperaturen

raturabhängig ist. Anders verhält es sich jedoch mit dem *C*-Wert innerhalb dieses Bereiches. Die Temperaturabhängigkeit von *C* innerhalb des zulässigen Temperaturbereiches wird durch folgende Gleichung ausgedrückt:

$$C_\vartheta = C(1 + \alpha\vartheta).$$

C ist dabei der in den Herstellerunterlagen angegebene *C*-Wert, gemessen bei 20 °C Umgebungstemperatur.

Kennlinien. Werden Varistoren in Serie geschaltet, so gilt für die an ihnen liegende Spannung

$$U = U_1 + U_2 = C_1 I^{\beta_1} + C_2 I^{\beta_2}.$$

Bei Verwendung von n Widerständen gilt

$$U_s = \sum_{i=1}^{n} C_i I^{\beta_i}$$

und für n gleiche Widerstände

$$U = nCI^\beta \quad \text{bzw.} \quad C_{res} = nC.$$

Liegt ein ohmscher Widerstand mit einem Varistor in Serie, so gilt

$$U = CI^\beta + RI$$

für die an der Kombination liegende Spannung.

Bei Parallelschaltung von zwei Varistoren gilt für den durch die Kombination fließenden Strom

$$I_p = I_1 + I_2 = \left(\frac{U}{C_1}\right)^{1/\beta_1} + \left(\frac{U}{C_2}\right)^{1/\beta_2}$$

und bei der Parallelschaltung von n Varistoren

$$I_p = \sum_{i=1}^{n} \left(\frac{U}{C_i}\right)^{1/\beta_i}.$$

Für n gleiche Widerstände gilt

$$I_p = n\left(\frac{U}{C}\right)^{1/\beta} \quad \text{bzw.} \quad C_{\text{res}} = \frac{C}{n^\beta}.$$

Liegt zu einem Varistor ein ohmscher Widerstand parallel, so gilt

$$I_p = \left(\frac{U}{C}\right)^{1/\beta} + \frac{U}{R}.$$

Wechselspannungsverhalten. Der Frequenzeinfluß macht sich bei Frequenzen bis zu 200 Hz nur sehr gering bemerkbar. Mit ansteigender Frequenz verschiebt sich die Strom-Spannungs-Kennlinie nach tieferen Spannungswerten und weicht von der Geraden ab. Je geringer der Strom ist, desto mehr tritt diese Verschiebung in Erscheinung. Es gilt [48]

$$U_{\text{eff}} = C\left(\frac{I_{\text{eff}}}{B}\right)^\beta.$$

11. Zuverlässigkeitsuntersuchungen an Halbleitern

Halbleiterbauelemente werden heute in großen Stückzahlen in der elektronischen Geräteindustrie eingesetzt, so daß das Problem der Zuverlässigkeit dieser Bauelemente in den Vordergrund gerückt ist.

Das Problem der Halbleiterzuverlässigkeit verlangt vom Geräteentwickler, daß schon bei der Projektierung von Geräten und Anlagen die Zuverlässigkeit der Halbleiterbauelemente eingeplant und berücksichtigt wird. Nach technisch-ökonomischen Gesichtspunkten sind Konstruktion, Schaltung, Betriebsbedingungen und Ausfallkriterien aufeinander abzustimmen.

Da die Anforderungen an die Zuverlässigkeit von Geräten und somit an die verwendeten Bauteile um Größenordnungen voneinander abweichen können, ist eine Unterteilung der Anwendung von Halbleiterbauelementen in drei Gütegruppen üblich.

1. Gruppe: Anwendung von Halbleiterbauelementen zusammen mit Standard-Bauelementen auf dem Sektor der Unterhaltungselektronik,

2. Gruppe: Anwendung von Halbleiterbauelementen auf dem Gebiet der industriellen Elektronik zusammen mit Industrietypen-Bauelementen,

3. Gruppe: Anwendung von Halbleiterbauelementen auf dem Gebiet der kommerziellen Nachrichtentechnik zusammen mit speziellen Bauelementen für höchste Anforderungen.

Die Frage der Zuverlässigkeit kann dabei nicht losgelöst von der Frage der Wirtschaftlichkeit betrachtet werden. Eine höhere Betriebszuverlässigkeit erfordert eine höhere Kostenaufwendung bei der Fertigung der Bauelemente. Dieser höhere Kostenaufwand bei der Fertigung der Bauelemente und der Geräte wird jedoch durch den hohen Grad der Zuverlässigkeit und die größere Betriebsdauer der so aufgebauten Geräte und Anlagen wieder wettgemacht.

Bei Halbleiterbauelementen können alle qualitätsverbessernden Maßnahmen in drei Hauptaufgaben zusammengefaßt werden:

1. Beherrschung der Volumeneffekte im Halbleiterkristall und seinen pn-Übergängen,
2. Beherrschung der optimalen Oberflächenbehandlung,
3. es sind Lebensdauerversuche längerer Dauer in enger Beziehung mit Anwendungserfahrung auf der Basis von Ausfallanalysen durchzuführen.

Es sind dabei folgende Prüfverfahren anzuwenden:

Prüfverfahren

Prüfung der Instabilität der Kennwerte
(Drift, Flattern, Wackeln, Laufen, starkes Rauschen)
Zuverlässigkeitstests mit Zeitraffung
(Temperaturverlagerungen, statische und dynamische elektrische Belastung)
Lebensdauerversuche länger als 10000 h
(Lagerung, Belastung bei Datenblattgrenzwerten, Versuche unter speziellen Anwendungsbedingungen)

Prüfmerkmale

Sperrverhalten, Stromverstärkung

Zuverlässigkeitsangaben

Ausfallquote, Ausfallrate λ für Schnellausfälle, Driftausfälle, mittlere fehlerfreie Betriebszeit t_m eines Kollektivs von n Bauelementen, Überlebenswahrscheinlichkeit $R(t, \Delta t)$, Ausfallwahrscheinlichkeit $F(t, \Delta t)$ in der Zeit Δt nach dem Zeitpunkt t (Ausfallsatz in Zeitdauer der Beanspruchung), zentrale Lebensdauer t_z, durchschnittliche Lebensdauer t_d

Prüfung der Instabilität. Das Prüfen der Instabilität wird über Zeitabschnitte von einigen Mikrosekunden bis zu 1 h durchgeführt. Dabei werden Änderungen der Kenndaten über die Zeit bewertet. Es handelt sich dabei um Erscheinungen wie Drift, Flattern, Wackeln, Laufen und zu starkes Rauschen.

Zuverlässigkeitstests mit Zeitraffung. Zuverlässigkeitstests mit Zeitraffung werden meist über eine Zeit von 1000 h durchgeführt. Diese Tests sind Verfahren mit reiner Temperaturlagerung und mit statischer und dynamischer Belastung. Auch intermittierender Betrieb ist möglich.

Bei Transistoren dienen vor allem das Sperrverhalten und die Stromverstärkung als Prüfmerkmale. Als Ergänzung können Instabilitäten der Kenndaten herangezogen werden.

Ausfallquoten und Ausfallraten sind übliche Zuverlässigkeitsangaben, die getrennt für Schnell- und Driftausfälle bzw. für Voll- und Änderungsausfälle angegeben werden sollen. Die Ausfallquote von Stichproben ist das Verhältnis von Ausfallquotient zum Zeitintervall Δt:

$$F(t, \Delta t) = \frac{R(t) - R(t + \Delta t)}{R(t)} = \frac{\text{Anzahl der Ausfälle im Intervall } \Delta t}{\text{Bestand zu Beginn des Intervalls } \Delta t}.$$

Die Ausfallrate FR oder λ ist der Grenzwert der Ausfallquote für das gegen 0 gehende Zeitintervall ($\Delta t \to 0$). Das bedeutet, innerhalb eines kleinen Zeitintervalls ist die Ausfallquote ein Schätzwert für die Ausfallrate. Die

Überlebenswahrscheinlichkeit ist gleich 1, vermindert um den Wert der Ausfallwahrscheinlichkeit. Sie wird aber kaum angewendet, da sie sich bei hoher Zuverlässigkeit nur wenig von 1 unterscheidet.

Die mittlere fehlerfreie Betriebsdauer hat eine große Bedeutung für die Kennzeichnung der Gerätezuverlässigkeit und läßt sich unter bestimmten statischen Voraussetzungen auf die Bauelemente-Ausfallrate zurückführen. Die mittlere fehlerfreie Betriebsdauer ist das Verhältnis der gesamten Betriebszeit aller Geräte des betrachteten Typs zur Anzahl der Fehler. Bei exponentiell

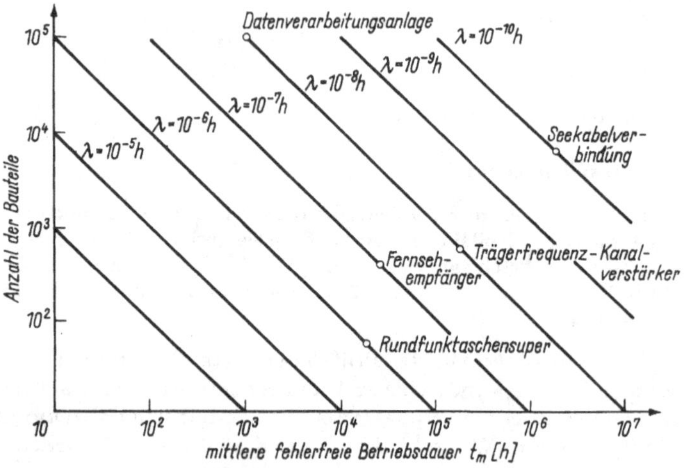

Abb. 187. Zuverlässigkeit von Bauteilkollektiven in Nachrichtengeräten (A = Anzahl der Bauteile)

verteilten Fehlern ist für ein größeres Bauelementenkollektiv mit N Bauelementen die mittlere fehlerfreie Betriebsdauer t_m um den Faktor N kleiner als die durchschnittliche Lebensdauer $t_d = 1/\lambda$ eines Bauelementes. Die Ausfallrate ist N-mal größer, somit gleich $N\lambda$. Bei Zufallsfehlern kann mit einer exponentiellen Verteilung der mittleren Ausfallrate für ein Gerät additiv aus den Ausfallraten der Bauelementetypen, unter Berücksichtigung ihrer Anzahl N_1 bis N_r, zusammengesetzt werden. Es gilt

$$N\lambda_m = \frac{1}{t_m} = N_1\lambda_1 + N_2\lambda_2 + \cdots + N_r\lambda_r.$$

Im Diagramm Abb. 187 ist dieser Zusammenhang zwischen mittlerer fehlerfreier Betriebsdauer t_m und der Anzahl der Bauelemente N mit der Ausfallrate als Parameter dargestellt. Die im Diagramm eingezeichneten

Verwendungszwecke unterliegen stark unterschiedlichen Anforderungen hinsichtlich ihrer Zuverlässigkeit. So wird z. B. bei einem Taschenrundfunkempfänger (nur MW) eine mittlere Ausfallrate von 10^{-6}/h für alle Bauteile eine mittlere fehlerfreie Betriebsdauer von 16700 h (also etwa 2 Jahre) erreicht. Im Gerät sind etwa 60 Bauteile einschließlich 8 Transistoren verwendet. Für die Halbleiterbauteile ist im Mittel sogar nur alle 16 Jahre ein Fehler zu erwarten. Für ein Fernsehgerät mit etwa 400 Bauelementen, wovon allein 60 Halbleiterbauelemente sind, ist eine fehlerfreie Betriebszeit von etwa 25000 h, also etwa 3 Jahre, möglich, wenn die mittlere Ausfallrate der Bauelemente 10^{-7}/h nicht überschreitet. Wegen der geringen Anzahl der Halbleiterbauelemente könnte die Ausfallrate für sie $7 \cdot 10^{-7}$/h betragen.

11.1. Zuverlässigkeitstests und Zeitraffung

Um innerhalb einer verkürzten Zeitdauer eine Vorhersage über die Zuverlässigkeit von Bauelementen abgeben zu können, muß eine Lebensdauer-

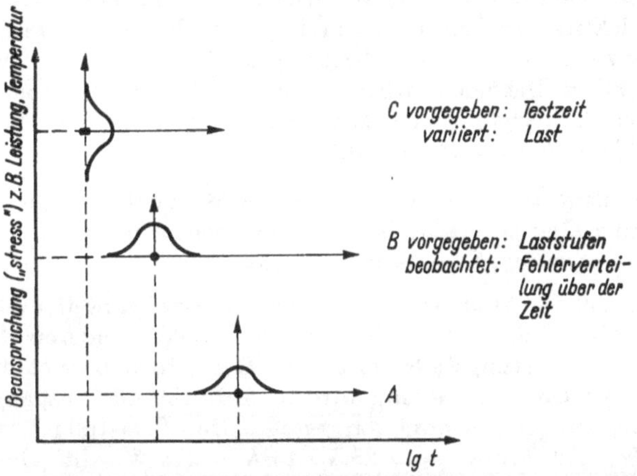

Abb. 188. Zeitraffungskurve für Zuverlässigkeitstests von Halbleiterbauelementen

untersuchung in zeitraffender Methode durchgeführt werden. Eine solche Methode dient als Prüfstein für die technologische Entwicklung sowie als Stichprobenkontrolle für die Fertigung und Auslieferung der Halbleiterbauelemente. Die Beanspruchung der Bauelemente hinsichtlich Temperatur und elektrischer Belastung hat dabei bis an die Grenzdaten und über diese hinaus zu erfolgen. Solange die Verteilungskurve erhalten bleibt, verkürzt sich die Testzeit für die gleiche Ausfallquote gemäß der in Abb. 188 dargestellten Zeitraffungskurve bei Steigerung der Beanspruchung vom Niveau *A* auf Niveau *B*. Die Steigerung der Beanspruchung wird als „stress" bezeichnet. Mit „stress step aging" wird eine noch schärfere Raffungsmethode bezeichnet, die eine Ausfallverteilung nach *C* ergibt. Hier wird eine kurze Testzeit fest vorgegeben, in der eine noch höhere Beanspruchung, als „over-stress" bezeichnet, in Stufen gesteigert wird.

Als „stress" wird bei Halbleitern die Lagerung bei erhöhten Temperaturen besonders oft angewendet, weil sich dann die Lagertemperatur sehr einfach mit der kennzeichnenden Sperrschichttemperatur vergleichen läßt, so daß sich somit eine einfache Prüfmethode anbietet. Besonders unter extremen Schaltungsbedingungen entspricht diese Prüfmethode nicht den tatsächlichen Betriebsverhältnissen.

Qualitätsverbessernde Maßnahmen der Halbleiterhersteller, insbesondere die Herstellungsverfahren der pn-Übergänge, der Kontaktierung und des Gehäuseeinbaues, haben zu einer Erhöhung der Sperrschichttemperaturen und somit zur Verminderung der Ausfallraten geführt. Erst oberhalb der vom Hersteller angegebenen Grenzwerte der Sperrschichttemperaturen steigt die Ausfallrate stark an. Neben der Temperaturlagerung, die meist beim Grenzwert der Sperrschichttemperatur (100 °C bei Germanium- und 200 °C bei Silizium-Bauelementen) erfolgt, werden in zunehmendem Maße auch Prüfungen bei elektrischer Belastung durchgeführt. Meist wird mit einer Dauerlast bei Grenzwerten der Verlustleistung gearbeitet. Es kann weiterhin mit intermittierendem Betrieb gearbeitet werden. Hierbei können die verschiedensten Arten der dynamischen Belastungen eingesetzt werden. Dabei bietet die Impulsbelastung folgende Vorteile:

1. Die Impulsbelastung bietet die einzige Möglichkeit einer gleichzeitigen Beanspruchung aller Grenzdaten des Bauelementes in der Kombination von Temperatur, Spannung, Strom und Energie.

2. Diese Beanspruchung ist sehr anwendungsnahe, weil außer dem sehr oft auftretenden Schalterbetrieb auch bei vielen anderen Betriebsarten impulsähnliche Belastungsfälle vorliegen. Der Arbeitsbereich für Zuverlässigkeitstests mit Impulsbelastung wird in Abb. 189 am Ausgangskennlinienfeld eines Leistungstransistors dargestellt. Bei Belastungsart *1a* ist eine maximale Impulsleistung $p_i = 25\ \text{V} \cdot 15\ \text{A} = 375\ \text{W}$ im Gegensatz zum statischen Grenzwert $P_c = 6\ \text{W}$ bei 60 °C Umgebungstemperatur möglich, ohne daß dabei die zulässige Sperrschichttemperatur überschritten wird. Der Punkt *1a* hat sich als Prüfpunkt zur sicheren Festlegung der Durchbruchspannung bewährt.

„Stress steps" mit geringerer Belastung in Richtung kleinerer Spannungen oder Ströme entsprechen der Belastungsart *1b*. Die Belastungsart *2* erfolgt mit statischer Belastung. Dieser Punkt liegt auf der Verlustleistungshyperbel auf dem Ast der hohen Spannungsbeanspruchung. Die Belastungsart *3* stellt eine reine Temperaturlagerung ohne jede elektrische Ansteuerung dar.

Abb. 190 zeigt die näheren Betriebsbedingungen und ihre Auswirkungen der in Abb. 189 dargestellten Belastungsarten *1a*, *1b* und *2*.

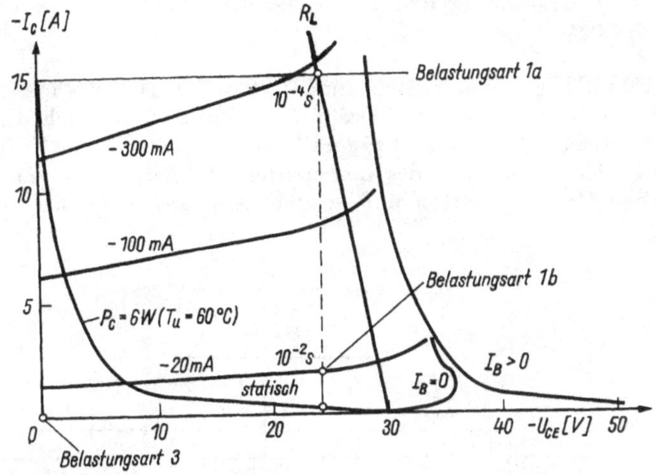

Abb. 189. Arbeitsbereich für Transistor-Zuverlässigkeitstests

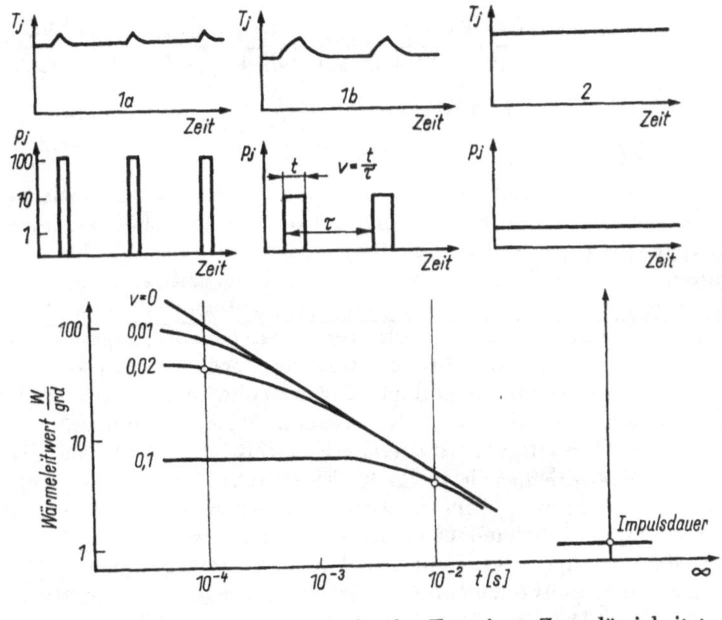

Abb. 190. Belastungsart und -stufen für Transistor-Zuverlässigkeitstests

11.2. Durchführung und Ergebnisse von zeitraffenden Zuverlässigkeitstests

Die Auswahl geeigneter Belastungsstufen für zeitraffende Zuverlässigkeitstests sowie Angaben über Größe und Gültigkeitsbereich des Raffungsfaktors basieren auf der Grundlage umfassender Grundversuche über die Abhängigkeit der Ausfallrate des bestimmten Halbleitertyps von den unterschiedlichen Belastungsarten und -stufen. Abb. 191 zeigt die verschiedenen

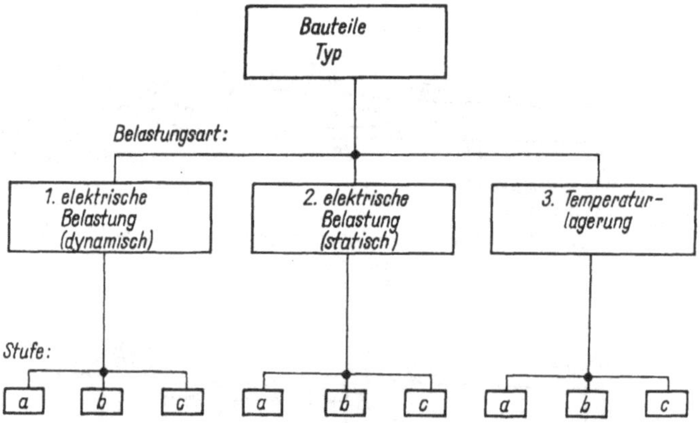

Abb. 191. Zuverlässigkeits-Erprobungsprogramm für Halbleiterbauteile

Belastungsarten und -stufen: 1. Impulsbelastung, 2. statische Belastung, 3. Temperaturlagerung in je drei Stufen führen schon zu mindestens neun Gruppen mit je 500 ··· 1000 Transistoren, d. h. also 4500 ... 9000 Transistoren aus einer Fertigungsgruppe. Um innerhalb von 1000 h einigermaßen zuverlässige Aussagen zu erhalten, darf bei angestrebten Ausfallraten von etwa $10^{-6} \cdots 10^{-8}$/h unter mittleren Betriebsbedingungen in Geräten diese Stückzahl nicht unterschritten werden. Liegen derartige Grund-Untersuchungsergebnisse vor, so genügen für laufende 1000-h-Tests drei der höchsten Beanspruchungsstufen mit der kleinen Stichprobenmenge von je 50 bis 100 Stück. Derartige zeitraffende Zuverlässigkeitstests mit kleinen Stichprobenstückzahlen sowie geeignete statistische Methoden zu ihrer Auswahl sind aber erst möglich, wenn in Grundversuchen die Fehlermechanismen der untersuchten Bauelemente genügend erhärtet wurden. In der nachfolgenden Tabelle sind derartige Fehlermechanismen mit geeigneten Prüfmerkmalen und Raffungsmethoden für Zuverlässigkeitstests für Transistoren zusammengestellt. Für Dioden gelten meist einfachere Betrachtungen.

<table>
<tr><th></th><th></th><th>Volumen:</th><th>Oberfläche:</th><th>Aufbau/Gehäuse:</th></tr>
<tr><td rowspan="2">Fehler-
mechanismen</td><td>H</td><td>Kristallstörungen, unebene pn-Übergänge, Legierungsfehler</td><td>Randschichten, Ionenleitung, Änderung der Rekombinationsgeschwindigkeit</td><td>undichtes Gehäuse, nachträgliche Entgasung, Kontaktfehler</td></tr>
<tr><td>A</td><td colspan="2">Überschreiten der Grenzdaten (Strom, Spannung, Zeit, Temperatur)</td><td>Montagefehler, Korrosion</td></tr>
<tr><td rowspan="2">Prüfmerkmale</td><td>H</td><td>Dioden-Sperrspannung, Kollektor-Emitter-Durchbruchspannung, Impulsbelastbarkeit</td><td>Stromverstärkung, Sperrstrom, Instabilität, Rauschen</td><td>Dichtheit,
Instabilität, Kontaktsicherheit</td></tr>
<tr><td>A</td><td colspan="3">Geräteprüfung</td></tr>
<tr><td rowspan="2">Raffungsmittel</td><td>H</td><td>Impulsbelastung bei hohen Spannungen, hohe statische Belastung</td><td>elektrische Dauerlast, hohe Spannung, hohe Temperatur</td><td>Temperaturzyklen,
mechanische und klimatische Beanspruchung</td></tr>
<tr><td>A</td><td colspan="3">Einsatzsimulation</td></tr>
</table>

H = Herstellung, A = Anwendung.

Zuverlässigkeitstests und Anwendungserfahrungen mit kleinen Germanium-Legierungstransistoren in Geräten mit guter Funktionsüberwachung haben folgende Schätzwerte für die Ausfallraten ergeben:

Anwendungszuverlässigkeit:	*Ausfallrate*:
Fernsprechvermittlungseinrichtungen	10^{-8}/h
Halbleiterprüfautomaten	$5 \cdot 10^{-8}$/h
Datenverarbeitungsanlagen	10^{-7}/h

dazu im Vergleich:

Dioden	$2 \cdot 10^{-8}$/h
Kondensatoren	10^{-9}/h
Widerstände	10^{-9}/h

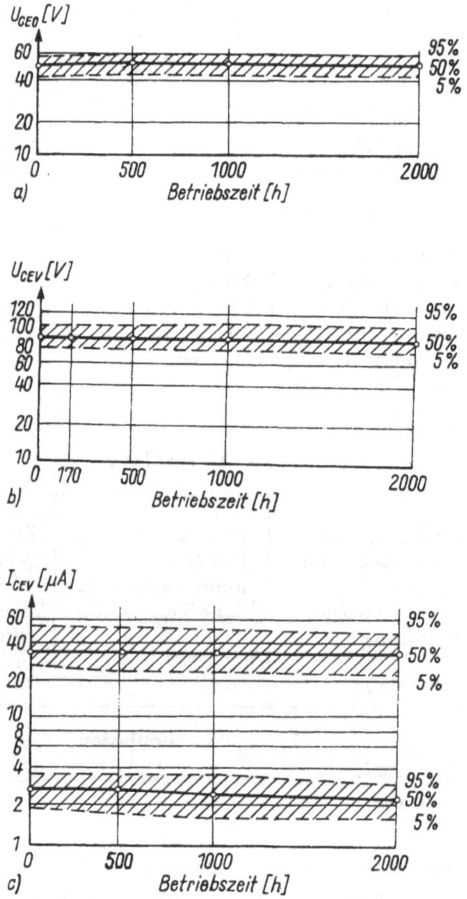

Abb. 192. Zeitlicher Verlauf der Kenndaten eines Germanium-pnp-Transistors in Zuverlässigkeitstests

a)Kollektor-Emitter-Sperrspannung U_{CE0} bei offener Basis,

b) Kollektor-Emitter-Sperrspannung bei gesperrter Emitterdiode,

c) Kollektor-Emitter-Reststrom I_{CEV} bei gesperrter Emitterdiode,

d) Basisstrom I_B für zwei verschiedene Kollektorströme zur Kennzeichnung der Schaltstromverstärkung B

Zuverlässigkeitstests mit erhöhter Beanspruchung:

Elekrische Dauerlast, 0,1 W, $T_j = 75°C$	$5 \cdot 10^{-7}$/h
Impulsbelastung, 1,8 W,	
$T_j = 75°C$	10^{-6}/h
$T_j = 90°C$	$5 \cdot 10^{-6}$/h

Als Prüfmerkmale für die Ausfallraten dienen in erster Linie die zeitliche Inkonstanz des Sperrverhaltens und der Stromverstärkung. Große Abweichungen gelten als Vollausfall, während kleinere Abweichungen als Änderungsausfall registriert werden.

Neben den Schätzungswerten von Ausfallraten unter bestimmten Test- und Anwendungsbedingungen sind auch Angaben über den zeitlichen Verlauf von Inkonstanzen erwünscht. Am Beispiel eines 60-V-Schalttransistors wird dies

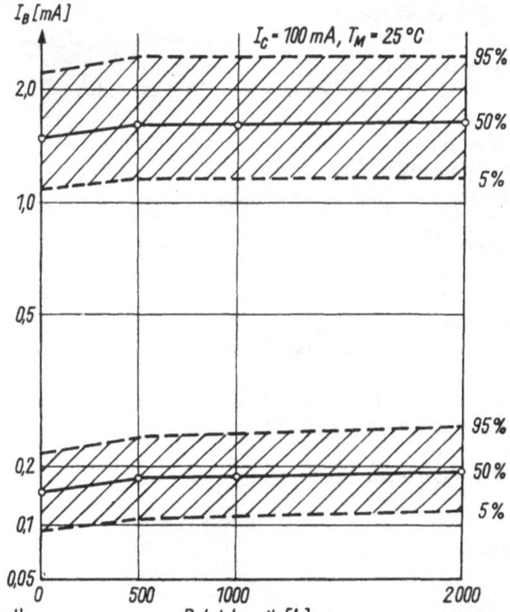

d)

in Abb. 192 demonstriert. Abb. 192*a* zeigt den zeitlichen Verlauf der Kollektor-Emitter-Sperrspannung bei offener Basis. In Abb. 192*b* ist der zeitliche Verlauf der Kollektor-Emitter-Sperrspannung bei gesperrter Emitterdiode dargestellt. Die zeitliche Darstellung des Kollektor-Emitter-Reststromes zeigt Abb. 192*c*. Schließlich ist in Abb. 192*d* der zeitliche Verlauf des Basisstromes I_B für zwei unterschiedliche Kollektorströme dargestellt.

Zusammenfassend kann festgestellt werden, daß die die Zuverlässigkeit von Halbleiterbauelementen beeinflussenden Größen qualitativ seitens der Herstellerbetriebe erkannt und in der Gerätefertigung berücksichtigt werden können [49—51].

11.3. Zusammenstellung der in den Abschnitten 9 bis 11 verwendeten wichtigsten Symbole

U_0	Leerlaufspannung
J	Photostrom
I_k	Kurzschlußstrom
R_i	Innenwiderstand
R_a	Abschlußwiderstand
ΔE	Aktivierungsenergie
W	Wärmemenge, Wärmeverlustleistung
N	Verlustleistung eines Varistors
T	absolute Temperatur
α	Temperaturkoeffizient allgemein
α_ϱ	Temperaturkoeffizient eines elektrischen Widerstandes
ϑ	Übertemperatur
ϱ	spezifischer Widerstand
T_0	Umgebungstemperatur in Luft
τ	Zeitkonstante
$d\tau$	Zeitelement
a	Mengenkonstante
b, B	Energiekonstanten
β	Widerstandskonstante
C	Dissipationskonstante
D	vom Halbleiterwerkstoff abhängige Konstante
λ	Ausfallrate
F	Ausfallwahrscheinlichkeit
t_m	fehlerfreie Betriebszeit
t_z	zentrale Lebensdauer
t_d	durchschnittliche Lebensdauer

Literatur

[1] Handbuch für Hochfrequenz- und Elektrotechniker, Bd. 6. Verlag für Radio-Foto-Kinotechnik, Berlin 1960, S. 314.

[2] ALTMANN, P.: Durch Messen zum Wissen. Funktechnik (1966), S. 348.

[3] SCHÜTZ, P.: Vereinfachte Verfahren zur Messung von Schaltzeitkonstanten. Radio und Fernsehen **13** (1964), S. 651.

[4] JÄGER, A.: Meßverfahren für Großsignalkenngrößen von Transistoren. Siemens techn. Mitt., München 1960, S. 1–8.

[5] TROGUS, H.: Schaltverhalten von Kleinleistungstransistoren. Internat. elektron. Rdsch. (1964), S. 427.

[6] TROGUS, H.: Schaltverhalten von Kleinleistungstransistoren. Internat. elektron. Rdsch. (1964), S. 489.

[7] OLSCHEWSKI, R.: Einfache Meßverfahren zur Bestimmung der Hochfrequenz-Vierpolparameter von Transistoren. Telefunken Röhren- Halbleitermitt., Ulm 1959, Nr. 600659, S. 1–10.

[8] DENDA, W.: Die Messung der y_e-Parameter von Transistoren. Radio und Fernsehen **12** (1963), S. 575.

[9] DENDA, W.: Vierpolmessungen an Transistoren. Radio und Fernsehen **11** (1962), S. 272.

[10] Handbuch für Hochfrequenz- und Elektrotechniker, Bd. 6. Verlag für Radio-Foto-Kinotechnik, Berlin 1960, S. 324.

[11] Handbuch für Hochfrequenz- und Elektrotechniker, Bd. 6. Verlag für Radio-Foto-Kinotechnik, Berlin 1960, S. 329.

[12] LOTSCH, H.: Untersuchungen des Kreuzmodulationsverhaltens von HF-Transistoren. Telefunken Röhren- Halbleitermitt., Ulm 1960, Nr. 590551, S. 1–7.

[13] DOLLT, W.: Untersuchungen über nichtlineare Verzerrungen von HF-Regeltransistoren. Internat. elektron. Rdsch. (1965), S. 691.

[14] HUNECK, M.: Messungen von Feldeffekttransistoren mit dem Transistormeßgerät 1029. Radio und Fernsehen **15** (1966), S. 358.

[15] BÜTTNER, L.: Schaltungen zum Messen der Gleich- und Wechselstromparameter von Feldeffekttransistoren. Funktechnik (1967), S. 115.

[16] GRISWOLD, D. M.: Understanding and Using the MOS-FET. Electronics **37** (1964), S. 66.

[17] HUGHES, H. L., und GIROUX, R.: Space Radiation affects MOS-FET's. Electronics **37** (1964), S. 64.

[18] SEILER, K., und WUCHERER, H.: Die elektrische Trägheit von Halbleiterdioden. Nachrichtentechn. Fachber. **1**, S. 3.

[19] RATH, H. L.: Welche Möglichkeiten bieten die Scheinwiderstandsmessungen an Sperrschichtdioden. Nachrichtentechn. Fachber. **5**, S. 15.

[20] Guggenbühl, W., und Schneider, B.: Messungen über das HF-Rauschen von Transistoren. Nachrichtentechn. Fachber. **5**, S. 34.

[21] Böhler, W.: Anforderungen an Germanium-Dioden für elektronische Rechenmaschinen. Elektron. Rdsch. **10** (1955), S. 381.

[22] Scheler, T., und Becke, H. W.: Ein Beitrag zur mathematischen und meßtechnischen Behandlung des Transistors als linearer Vierpol. Frequenz **11** (1956), S. 107.

[23] Schönfeld, H.: Das Rauschen in homogenen Halbleitern. Nachrichtentechn. Fachber. **10** (1955), S. 32.

[24] Windel, J.: Kenndaten von Hochfrequenzdioden und ihre Messung. Techn.-wiss. Mitt. Inst. Halbleitertechn. **5/6** (1962), S. 91.

[25] Rieck: Die Tunneldiode, ihre Kenngrößen und deren Messung. Telefunken Röhren- Halbleitermitt., Ulm 1960, Nr. 611281, S. 1–7.

[26] Lossack, H. J.: Die Tunneldiode. Radio und Fernsehen **12** (1963), S. 413.

[27] Müller, R.: Ein Beitrag zur nichtlinearen Behandlung der Tunneldiode in der Schwingungserzeugung. Radio und Fernsehen **15** (1966), S. 315.

[28] Lossack, H. J.: Ein einfaches Tunneldiodenprüfgerät. Radio und Fernsehen **12** (1963), S. 88.

[29] Armgarth, D.: Die Tunneldiode. Techn.-wiss. Mitt. Inst. Halbleitertechn. **4** (1962), S. 79.

[30] Bramm, B.: Kapazitätsdioden und ihre Anwendung. Radio und Fernsehen **13** (1964), S. 407.

[31] Sager, D.: Die Siliziumdiode OA 910. Radio und Fernsehen **13** (1964), S. 428.

[32] Köhler, R. G.: Die Vierschichtdiode – ein interessantes elektronisches Bauelement. Radio und Fernsehen **10** (1961), S. 462.

[33] Köhler, R. G.: Elektrisch bistabile Vierschichtanordnungen. Nachrichtentechn. **10** (1961), S. 85.

[34] Böke, K.: Prinzip und Anwendung von Esaki-Dioden. Radiomentor **26** (1960), S. 963.

[35] Mayerhofer, W. A.: Die Vierschichtdiode – ein bistabiler Halbleiter-Zweipol. Elektron. Rdsch. (1959), S. 51.

[36] Weil, I.: Thyristoren – Wirkungsweise und Kenndaten. Elektronik **15** (1966), S. 65.

[37] Gesch, H.: Halbleiterbauelemente in der Starkstromtechnik. Internat. elektron. Rdsch. (1964), S. 215.

[38] Streng, K.: Thyristoren und ihre Schaltungstechnik. Radio und Fernsehen **13** (1964), S. 697.

[39] Diefenbach, W.: Leistungselektronik. Funktechnik (1965), S. 717.

[40] Lappe, R.: Die steuerbaren Halbleiterventile. Elektrie **17** (1963), S. 28.

[41] Armgarth, D.: Gerät zur Messung der Sperrschichttemperatur und des Wärmewiderstandes von Transistoren. Radio und Fernsehen **11** (1962), S. 71.

[42] Koschel, H., und Jäger, A.: Probleme der Zuverlässigkeit von Halbleiterbauelementen. Siemens techn. Mitt., München 1961, S. 1–8.

[43] Wärmeableitungen bei Transistoren. Siemens techn. Mitt., München 1963, S. 1–7.

[44] Handbuch für Hochfrequenz- und Elektrotechniker, Bd. 6. Verlag für Radio-Foto-Kinotechnik, Berlin 1960, S. 340.

[45] Stahl, K.: Photoelektrische Bauelemente und deren Anwendung. Internat. elektron. Rdsch. (1967), S. 315.

[46] Photovervielfacher-Röhren für photometrische Messungen. Telefunken Röhren-Halbleitermitt., Ulm 1961, Nr. 6408106, S. 1—6.
[47] NIEMECK: Photoelektrische Bauelemente und ihre Anwendung im sichtbaren Spektralbereich. Telefunken Röhren- Halbleitermitt., Ulm 1961, Nr. 620382, S. 1 bis 6.
[48] Werksunterlagen des VEB Keramische Werke. Hermsdorf 1965.
[49] HORNUNG, H.: Zu einigen Problemen der Zuverlässigkeit von Halbleiterdioden. Radio und Fernsehen **15** (1966), S. 182.
[50] KOSCHEL, H.: Zeitraffende Zuverlässigkeitsprüfungen an Transistoren. Vortrag auf der NTG-Tagung am 9. und 10. April 1960 in Nürnberg.
[51] Loc. cit. [42].

Sachverzeichnis

FSC
www.fsc.org
MIX
Papier | Fördert gute Waldnutzung
FSC® C083411

Kolibri 360 GmbH
Ferdinand-Jühlke-Straße 7
99095 Erfurt, Deutschland
produktsicherheit@kolibri360.de